酒井順一郎【著】

日本語を学ぶ中国八路軍

我ガ軍ハ日本下士兵ヲ殺害セズ

一、日本下士兵ノ兄弟
二、諸君等ヲ打タズ
三、侵略戦争ニ反対ス
四、日本帝国主義ヲ打倒ス
五、「ファシスト長官」ヲ打
六、民国ノ兄弟達ハ殺害セ
七、我ガ軍ハ日本下士兵ヲ
八、我ガ軍ノ敵ハ日本軍閥
九、帰国ヲ要求セヨ

ひつじ書房

序章

二〇一七年は日中国交正常化四五周年であるとともに「日中戦争」八〇周年でもあった。日本人男性の平均寿命が約八〇歳であることを考えれば、「日中戦争」は遠い過去の記憶として忘れ去られても不思議ではない。しかし、未だ両国間にこの戦争を巡って大きなしこりが残っており、残念ながら日中両国の歴史認識の相互不信は依然として変わらず存在しているのが実情である。

近代以降、日本は日清・日露戦争で勝利をおさめ、より一層の政治・経済・軍事的拡大をしながら大陸政策を進めてきた。そして「満洲事変」を経て「盧溝橋事件」を契機に中国との全面戦争となり、さらには太平洋戦争へと発展していった。「聖戦」という名の下で非戦闘員を含むおよそ三〇〇万人以上の日本人が犠牲となったが、中国人のそれは、習近平が二〇一四年三月二八日にベルリンで講演した際、三、五〇〇万人以上の死傷者が出たという。[1] ここでは数的な根拠に対し言及はしないが、中国側の政治的な意図を感じないわけではない。一九九一年の時点では中国の国務院が発表した『中国的人権状況』によれば、中国側の被害者数は二、一〇〇万余人であり、死亡者数は一、〇〇〇万人であった。[2] ただ、被害者としての意識が強く現れていることに変わりはない。

「日中戦争」自体、未解明な部分が多いのも事実である。例えば、「盧溝橋事件」や「南京事件」等、日中の様々な識者の見解が大きな論争を呼び起こし決着がついていない状況である。もちろん、前述の犠牲者の数も同様である。また、宣戦布告がないことから日本側は「支那事変」や「日華事変」とし、現在では「日中戦争」が一般的である。一方、中国側は日本が侵略したという考えから「抗日戦争」と称している。しかも、両国間の政治関係も絡んでおり、歴史認識の差をさらに複雑な様相にさせてしまっているのである。したがって、「日中戦争」の実態の丁寧な知的作業が重要であるといえる。

実は、この戦争において、戦場で日中の言語・文化交流が行われていた事実は余り知られていない。戦場は人を狂わせ、口では言い表すことのできない悲惨な場であることに間違いない。そして、敵の文化や言語を葬ろうとする力が働く。しかし、「日中戦争」は、単純にこのような側面だけで語ることはできない。特に、中国共産党（以下、中共）の抗日工作は、日本語と日本文化を積極的に学び分析している。日本語と日本文化は敵国の日本のものであるが、これらは中共にとって戦略上重要なものであったのである。また、戦場にもかかわらず日中の将兵の間で言語・文化交流がなされていたのであった。本書はまさにこれについて明らかにし、検証するものである。

当時、中共は積極的にプロパガンダの一つである抗日工作を行った。中国人将兵に対し日本語教育を行い、学んだ日本語で対日宣伝や捕虜投降の呼びかけ工作を行った。そして、獲得した日本兵を優遇しながら反戦教育を施した。中共は日本人捕虜から日本軍の情報収集だけでなく、日本語教師としても活用したのであった。これらは世界史的にも珍しいことである。その証左に米国は中共の拠点である延安に軍事視察団を派遣し、分析させ、米国の日本人捕虜対策に活用したほどであった。これらの成果の要因は一連の前述したものだけでなく、捕虜と中共の両者に反ファシズムという共通思想で結ばれた国際的同志という関係の構築も無視できない。そして、このような関係を築くための根源は敵国日本の言葉である日本語の習得と日本文化の理解が必要不可欠であったのである。

多くの名もなき日本兵はごく一般の庶民に過ぎず、「生きて虜囚の辱めを受けず」という『戦陣訓』の呪縛の中にいた。実際にこれがどの程度の影響力をもっていたかは、様々な意見があろう。これについては後述することにするが、何れにせよ、「日中戦争」の最初の二年間は日本兵の投降はなく、たとえ戦争で負傷し中国の軍隊に捕らわれたとしても、多くは捕虜の身を恥じ自決や脱走を図ったことは史実である。そして脱走に成功し、帰隊したとしても軍法会議にかけられ処罰もしくは処刑されるのであった。よって、この状況の中にいる以上、到底、国際的同志という関係を築くことは極めて困難であった。

中共にとって日本兵をこの呪縛から解き、日本の侵略を否定し反戦思想へと導き、日本の野望である「大東亜共栄圏」を瓦解させるためには中国語でなく日本語で説得しなければならなかった。喫緊の課題は高度な日本語人材育成と中国人将兵に対する日本語教育であった。そして、習得した日本語を使い前線で伝単を配布し、メガホン等を使用し、日本兵に投降の説得をし、彼らを反戦思想教育へと導くことが重要となった。また、前述通り日本兵の多くは庶民であり、共産主義も知らない。したがって、彼らが受け入れやすい日本語の運用と日本文化を理解した上で、これらを教え説得する必要があった。当然、戦時体制であることから短期間で効果が上がる実践的な日本語教育と日本文化の分析が鍵となる。そこで、中共の八路軍内に敵軍工作訓練隊が設立されたのであった。これらの任務に活用されたのが日本留学組、日本人捕虜、軍内で育成された高度な日本語人材であったのである。

忘れてはならないのが、日本側にとって日本語は、「大東亜共栄圏」の盟主たる言語である。これを普及させ、共通語にさせたいと考えていた。その狙いは、日本語を学習させ使用させることで、日本精神及び日本文化を体得し、「大東亜共栄圏」建設に寄与させることであった。日本も中共も同じ日本語普及ではあるが全く目的が違っているのである。また、それぞれが目的達成のために日本語は欠かせない存在であった。そこで、本書では日本が日本語を海外へ普及させようとしていった過程と「大東亜共栄圏」の共通語とすべく戦略を検証する。そして、抗日運動が吹き荒れる中国国内において日本語はどのような存在であったのか、さらに中共側内で行われていた日本語学習とその普及に対しどのような戦略的効果があったかも検証していくことにする。

残念ながら、これらに着目した研究は進んでいない。例えば中共の抗日工作の研究は、管見の限り趙新利『日中戦争期における中国共産党の対日プロパガンダ戦術・戦略』（早稲田大学大学院政治学研究科博士論文、二〇一一年）において一節のみ八路軍の日本語教育の開始時期とその特質を論じているが、概略的であり教育実態やその効果についての分析は十分とはいえない。また、日本人の反戦運動という視点から、中共の指導する八路軍・新四軍及び重慶の国民政府指揮下の軍の捕虜となった日本人の将兵・軍属に対しインタビュー調査を行った藤原彰・姫田光義らの研究グループや水谷信子の貴重な研究があるが、これらも日本語・日本文化の視点からの考察は不十分といえる[3]。

日本語教育史研究分野からも前述同様、十分に着目されていない。例えば関正昭が著した『日本語教育史研究序説』（スリーエーネットワーク、一九九七年）は日本語教育史研究を志す者のバイブル的存在である。しかし、あくまでも概略的内容であり、八路軍に関するものは見当たらない。一方、徐敏民『戦前中国における日本語教育―台湾・満洲大陸での展開と変容に関する比較考察―』（エム・ティ出版、一九九六年）は中共の日本語教育について言及しているが、分析・考察までには至っていない。また、徐の研究姿勢は、前提が「奴化教育」という側面から、学校教育における教育時間数や使用教材、教授法を論じている。したがって、今後、偏ったイデオロギーやミクロ的な視点で論じることなく、巨視的かつ包括的に分析・考察していくことが重要となっていくであろう。何れにせよ八路軍における日本語教育は十分に研究はなされていないのである。

以上の問題意識から、本書では、まず日本が「大東亜共栄圏」に日本語普及を重視していった過程及び当時の中国国内では日本語がどのような存在であったのかを検証し、日中戦争期における中共の抗日工作において、敵国日本の言語である日本語及び日本文化を重視していく戦略過程と中国人将兵に対する日本語教育の実態とその効果、そして、この過程において日本留学組、八路軍の将兵、日本人捕虜がどのような言語・文化交流をしていったのかを明らかにする。最後に、八路軍の日本語教育と「大東亜共栄圏」の瓦解との関係を考察する。

【付記】

・一部の引用文は旧漢字を新字体に、歴史的仮名遣いを現代仮名遣いに改めている。
・差別用語等の不適切な表現があるが、本著の趣旨に照らして原文のままとする。

【注釈】

（1）『日本経済新聞』二〇一四年三月二八日
（2）国務院報道弁公室『中国的人権状況』（中央文献出版社、一九九一年）一―二頁。尚、姫田光義「総論　日中戦争と抗日戦争の狭間で」藤原彰・姫田光義編『日中戦争下中国における日本人反戦運動』（青木書店、一九九九年）九頁によれば、一九九五年以降から三、五〇〇万人とされるようになったという。
（3）藤原彰・姫田光義編『日中戦争下中国における日本人反戦運動』（青木書店、一九九九年）、水谷信子『「反日」以前　中国対日工作者たちの証言』（文藝春秋、二〇〇六年）

目次

第一章 「大東亜共栄圏」における日本語

1. 「大東亜共栄圏」構想

日本は「大東亜共栄圏」の構想を打ち出し、それに伴って日本語の海外普及を重視することになった。例えば、戦後、文部事務次官に上り詰め、戦前戦後の国語政策に大きな足跡を残した保科孝一は、一九四二年当時「共栄圏内における各民族を統合し、大日本帝国をその盟主として仰がしめるには、まず日本語を共栄圏内の通用語とすることが、もっとも緊要な条件である。(1)」と述べ、優秀な国民の言語である日本語だからこそ「通用語」としての資格があり、「大東亜共栄圏」の各民族の不平不満は出てこないと断言している(2)。また、同年、大西雅雄は、保科よりも日本語の地位を上げ、公用語にし「東亜を主宰し、東亜を指導する盟主日本が、その連絡・通信の共通用具に、日本の言葉をもってすることは当然すぎる道理である」と述べている(3)。盟主であり優秀な日本人の母語だからこそ日本語を共栄圏内の異民族にも使わせるべきだと言いたいのであろう。

保科は、「圏内の各民族が日本語を通して、貿易や産業の開発に資することが出来るようになれば、彼らの福利は、現在に幾倍、幾十倍するに至るであろう」とし、活動範囲が共栄圏に広がり、英米蘭等に摂取されてきた「哀むべき境地から、はじめて自由の身となり得る」と論じている(4)。つまり、日本語は欧米帝国主義から解放する力を持っており、「大東亜共栄圏」の確立は日本語の存在抜きではあり得なかったのである。ならばこの「大東亜共栄圏」構想とはどのようなものであったのだろうか。本節で再確認してみよう。

周知の通り、日中戦争及び太平洋戦争の遂行過程で提起された観念が「大東亜共栄圏」であり、この戦争目的を「大東亜共栄圏の建設」とし、欧米植民地からのアジア解放とした。一九三八年一一月三日の所謂第二次近衛声明である『東亜新秩序建設の声明』では、日本軍が広東、武漢三鎮等を攻略したことに触れ「支那の要域を戡定したり」とし、「帝国の冀求する所は、東亜永遠の安定を確保すべき新秩序の建設に在り。（中略）この新秩序の建設は日満支三国相携へ、政治、経済、文化等各般に亘り互助連環の関係を樹立するを以て」と宣言し、「支那国民が能く我が真意を理解し、以て帝国の協力に応へむことを期待する」と中国に対し事実上の要求が述べられている(5)。このように日本は有利な戦況で軍事力を発揮し、中国側に強硬に迫っていくのであるが、逆に考えればこれらの要求は日本国民に対しても課せられたものであるともいえよう。日本国民は政府に追従し泥沼の戦時体制へ組み込まれていくのであった。

同年一二月一六日に対中政策の立案機関として内閣に興亜院が設置された。興亜院設立の背景は、中国における占領区域の拡大に伴い、政治・経済・文化等諸方面にわたって重要課題が続出し、軍部の手だけではその処理が不可能であるから、軍特務部が中心になって実施している業務を行政官庁に移管し、軍は本来の任務に専念させるということであったからである。[6] 同年同月二二日に所謂「第三次近衛声明」である『日支国交調整方針に関する声明』において「日満支三国は東亜新秩の建設を共同の目的として結合し、相互に善隣友好、共同防共、経済提携の実を挙げんとするものである」と声明を発表した。[7] その結果、ハノイに脱出した反蒋介石の国民党幹部である汪精衛に対日和平を呼びかけることとなり、日本にとって追い風となった。そして、一九四〇年七月二六日に閣議決定された『基本国策要綱』を発表し、「大東亜共栄圏」へ繋げる新たな展開を見せるのであった。

『基本国策要綱』の「一、根本方針」に「(前略) 皇国ヲ核心トシ日満支ノ強固ナル結合トスル大東亜ノ新秩序ヲ建設スルニ在リ」とし、「二、国防及外交」では「皇国現下ノ外交ハ大東亜ノ新秩序建設ヲ根幹トシ先ヅ其ノ重点ヲ支那事変ノ完遂ニ置キ国際的大変局ヲ達観シ建設的ニシテ且ツ弾力性ニ富ム施策ヲ講シ以テ皇国国運ノ進展ヲ期ス」と述べられている。[8]「東亜」から「大東亜」という表現になり、天皇を核心とする日本、中国、「満洲国」が一体となり、そのためには先ず日中の武力衝突の終息が重要であることがわかる。ただ、「大東亜共栄圏」という文言は出てこない。ならば、「大東亜共栄圏」が公式の場で使用されたのはいつであろうか。極東国際軍事裁判におい て外務省東亜局長の山本熊一は「これはたしか一九四〇年の八月一日に、第二次近衛内閣の基本国策が発表されましたが、その当日松岡外務大臣が新聞記者との会見において、初めて大東亜共栄圏なる言葉を使われたのを記憶しております。」と証言している。[9]八月一日の松岡の記者会見の内容を以下に見てみよう。[10]

私は年来皇道を世界に宣布することが皇国の使命であると主張してきた来た者でありますが、国際関係より皇道を見ますれば、それに関するに各国民、各民族をして各その処を得せしむることに帰着すると信ずるのであります。即ち我国現前の外交方針としてはこの皇道の大精神に則り、先ず日満支をその一環とする大東亜共栄圏の確立を図るにあらねばなりませぬ。これがやがて力強く皇道を宣布し公正なる世界平和の樹立に貢献する道程に上る所以でありま す。而して、我国民はこの道程に横たわるところの有形無形一切の障碍を排除するはもとより更に進んで我に同調する友邦と提携不退転の勇猛心を以て、天より課せられたる我が民族の理想と使命の達成を期するべきものと堅く信じて疑わぬものであります。

国際関係における皇道の重要性、そして日本と「満洲国」と中国を基礎とし世界平和樹立のため共栄圏内の友邦と提携することこそが天命であるという虚飾のイデオロギー宣言であるといえよう。ただ、この文脈だけからは松岡が果たして「大東亜共栄圏」なるものを理解して使用していたのか疑問である。さらに加えるならば松岡は、『基本国策要綱』の「大東亜ノ新秩序建設」を用いず、「大東亜共栄圏」という新たな言葉で表している。しかも、外相談話として松岡が「大東亜共栄圏に仏印や蘭印の含まれるのは勿論である」と述べたという。[11] もし、これが史実ならば、閣議決定された『基本国策要綱』の「根本方針」である「皇国ヲ核心トシ日満支ノ強固ナル結合トスル大東亜ノ新秩序」から、逸脱している。幣原喜重郎が松岡の手腕を「児戯に題する無軌道外交[12]」と評したが、まさに閣議決定を軽んじた松岡の姿勢が見えてくる。

では、「大東亜共栄圏」は松岡の造語であろうか。陸軍省軍務局長軍事課の岩畔豪雄中佐によれば、一九三八年当時、陸軍省参謀本部第一部第二課の堀場一雄少佐と岩畔で造ったという。[13] その経緯は最初に堀場一雄少佐がこの構想に取り組み、その後、岩畔も加わり作成した『国防国策（『国防国策案』）』の中に「大東亜共栄圏」という文言を入れた。[14] そして、岩畔は「東亜」でなく「大東亜」とした理由を「『大東亜』というのは、『東亜』ではちょっと狭いし、いまだったら西南太平洋とでも言うのでしょうかね。それほどでもなくて、『東亜』という言葉があったわけですね。『東亜』とか『極東』というのではちょっと狭すぎますしね。それで、饅頭のガワを作ったようなものでね。」と述べている。[15] つまり、「大」は「東亜」では狭すぎるので「饅頭のガワ」が必要であったという単純な理由からである。安部博純の言説を借りれば、皇道主義的ファシズムにおける新秩序構想というのは「無限抱擁」的な拡大の論理といえなくもないが、[16] 岩畔のそれは言葉遊びの側面が否めないといえよう。

「大東亜共栄圏」の範囲はどのようなものであろうか。それは、日本を中心に「自存圏」、「防衛圏」、「経済圏」で形成しているという。[17]「自存圏」には日本を中心とする満洲、北支、蒙疆があり、「防衛圏」は「自存圏」に東部シベリア、中国本土、ビルマ、蘭印を加え、「自存圏」「防衛権」にインドと豪州を加えた「経済圏」というものであった。[18]

岩畔は、それぞれの「圏」について以下のように説明している。[19]

非常にここで誤解されているかも知れないのは、こういうのはなにも戦争、武力手段でやるというわけではないのだからね。ただ、防衛圏というところは、敵が来たらこの辺でやるということで、だから、自存圏というのは家屋の中、防衛圏が垣根の線、経済圏というのは町内ということですね。

一般の人々の生活に密着した範囲でわかりやすく説明しており、また、「大東亜共栄圏」を武力で構築しようとは思っていなかったことは、真意かどうか定かではないが、注目に値すべきではないだろうか。

「共栄」であるが、一九三八年に「東亜新秩序」というキャッチフレーズが登場する以前までの「共存共栄」から「共栄」を取った。その理由を「自存圏」で「存」が使用されているため「共栄」を取り「大東亜共栄圏」としたという。[20] 岩畔はこの「共栄」ついて以下のように述べている。

（前略）戦争なんかの最後の目的だって、敵を圧倒殲滅というのはこれは武力戦ですが、敵を生かしてこれと一緒にやっていくということでなければ戦争のほんとうの目的でないのですよ。なにか敵意が残るということはこれはいかんことですね。それはいまも昔も変わらぬ考えで最後は共栄である。[21]

また、安部博純によれば「自存圏」が「生命線」ないし「生命（存）圏」であり、民族の生存のためには絶対に確保されなければならない範囲であるが、「大東亜共栄圏」にはそれ以外の地域つまり「生存それ自体に関係ない」地域も含まれているので「共栄圏」としたという。[22]遺恨を残さず異民族と一緒に「大東亜共栄圏」経営を行いたいということであるが、日本にとってはその異民族の「生存」は関係ないという側面があることがわかる。

その後、岩畔は「大東亜共栄圏」構想を、宮中グループ「革新派」の内務大臣である木戸孝一に説明したが、木戸は「軍の独走だ」と言い、岩畔は「お灸をすえられた」と回想している。[23]この構想は当時としては現実性を帯びたものではなかったのである。しかし、一九四〇年四月以降のドイツは電撃戦を繰り広げ、オランダとフランスは降伏し、英国も極めて厳しい状況に陥った。陸軍としては、ドイツとイタリアと軍事同盟を結ぶことで、中国を援助していた米国を牽制できると見ていた。つまり、泥沼化の日中戦争の行き詰まりが打開できるはずであったのである。また、東南アジアからフランス、オランダ、英国を排除すれば、自給体制の構築と米英依存の経済体制を一新できるとも考えていた。そして、一九四〇年九月、「日独伊三国同盟条約」が、締結されることとなった。

一九四一年、大本営は急速に南進論へ転換し始める。陸軍の首脳部は『綜合国策基本要綱』を作成し、これが前述した陸軍の『基本国策要綱』を下敷きにして若干修正を加えたものである。その後、第二次近衛内閣が成立し、閣議で『基本国策要綱』が決定され、「皇国を核心とし日満支の強固なる結合を根幹とする大東亜の新秩序を建設する」[24]と、「大東亜共栄圏」構想を正式に打ち出したのである。

何れにせよ「東亜新秩序」も「大東亜共栄圏」もイデオロギーとしての皇道と中国大陸を強く意識しており、有利な形で「日中戦争」を終息させ、日本と中国と「満洲国」との互助連環の関係を築くことが重要であった。そして、大陸での武力侵攻による有利な状況から、東南アジアまで拡大解釈し「大東亜共栄圏」へ突き進んでいったといえよう。一九四三年一一月に開催された「大東亜会議」において「大東亜共同宣言」が採択された。一又正雄によれば、この会議で作成された条約や文書を一括して「大東亜建設条約」と称し「大東亜共栄圏を建設するために締結したる、或いは将来更に締結することあるべき条約にして、特に、東洋的道義に則し、且その当時国が大東亜の諸国たるもの」としたという[25]。ただ、日本が謳う「東洋的道義」は「大東亜共栄圏」内の異民族に理解されていたとは言い難い。その証左に、大陸の中国は日本の構想に対し、強く抵抗するのであった。

興亜院が中国大陸で調査した報告書の『国定教科書料謬ト題スル抗日文献』を見てみよう。ここに収められている資料は「対日協力政権」である汪精衛率いる南京国民政府の国定教科書に対し、抗日派が「毒素」と評し各教員へその危険性を訴えた配布物である。その中に日本側が説く「日中親善」「東亜和平」に対し抗日派は両国が平等の地位による互恵関係が大前提とし以下のように述べている。[26]

現在日本ハ顕カニ東亜破壊ノ罪魁禍首ニシテ、中国ヲ侵略シ、中国人ヲシテ日本ノ奴隷タラシメントシテイル。日本ガ目前ノ状態ノ下ニ中日親善ヲ提唱シツ、アルコトハ明カニ日本ノ陰謀詭計ニ基クモノデアル、夫レハ一面ニ於テ早ク戦争ヲ終結セシメ以テ日本帝国崩潰ヨリ免レシメントシ、一面ニ於テ中国ヲ此ノマゝ屈服投降セシメ、日本ガ中国ヲ主催シ、更ニ進ンデハ東洋ノ盟主タラントスルニアル。漢奸ガ中日親善、東亜和平ヲ主張シツ、アルコトハ、祖国ヲ犠牲ニ供シテ日本ノ歓心ヲ求メ、以テ個人ノ功名利禄ヲ獲得センガ為デアル。故ニ日本ガ中国ヨリ退出セザル限リ、中日間ハ親善ノ言フベキモノナク、東亜又和平ノ言フベキモノハ無イノデアル。中国ノ進ムベキ道ハ只抵抗戦到底、以テ日本ヲ中国ヨリ驅逐スル以外ニアリ得ナイノデアル。

日本の一方的な提唱、要求、行動と「対日協力政権」に対し、陰謀と個人的利益があることを見抜き、断固として抵抗し、駆逐する強い意志が見て取れる。とはいうものの抗日派は日本的なもの全てを否定し排除しなかった。それどころか、日本的なものを抗日に利用しようとしたのである。それは、日本語と日本文化であったのである。尚、これについての詳細は後述する。

2．日本社会における外国語としての日本語観

前述した通り、一九四〇年に松岡洋石外相が初めて「大東亜共栄圏」という用語を公式の場で使用したわけであるが、その前後から日本社会において日本語普及とその教育が急速に重視されることとなった。実は、日本国内では既に一九二〇年代、外国人が学び使用する日本語が注目され、さらに国際的に日本語を普及すべきという論調が表れ始めていた。では、それ以前の日本社会は外国人が日本語を使用したり学んだりすることをどのように見ていたのであろうか。ここから、大正期から昭和戦前期にかけての日本社会の外国語としての日本語観が覗くことができよう。当時の新聞記事を中心に論じてみる。

『東京朝日新聞』の報道を見てみよう。一九一四年一〇月三一日の「京都通過の南洋俘虜　買物の日本語」という記事は、第一次世界大戦の時に日本軍に捕えられたドイツ軍の将兵たちが日本各地へ送られた際、京都駅に到着し買い物をするのだが、その中の俘虜が数字の2を「ニッ」と日本語で言ったことを報じている。また、一九一八年六月一九日の「国賓ご御入京盛儀　御召船上の英国皇族旗　横浜埠頭奉迎の壮観　大英特使コ殿下御安着」では、英国のコンノート殿下が来日したことを報じるものであり、「日本語の御稽古　御航海中の殿下」という小見出しでも掲載しており

「日本の単語を御学びあるなど其の御熱心は恐懼の外はなかった」と報道している。たかが単語を学んだだけのことであるが、敬意すら読み取れよう。外国人が一言日本語を発したり、学習しただけで十分に報道する価値があったといえる。

東京で日本語学校が設立されることも格好の報道ネタとなった。一九一三年六月一七日の「日語学校設立準備」では『統合主義教授法』の著者であり、宏文学院で中国人留学生教育に従事した樋口勘次郎、村上外国語学校の福岡秀猪、米国大使館参事官等、日米両国の知識人が日本語学校設立の会議を開催したという記事がある。この背景には米国において排日運動が繰り広げられ、その要因が日米の意志疎通が不足しており、これを解決するために、米国人を始め外国人に日本語教育を行うというものである。日本語学校自体が珍しいことであるからこそ報道されたのであろう。日本語学校の様子も報道している。一九一三年一二月一九日の「日本語学ぶ西洋の大人連日語学校の始業」を以下に記す。

日本の歴史、文学、制度、風俗等に関する的確な知識を外国人に与ふる為の『日本語学校』なるものが十月一日より神田錦町の外国語学校内に新設された。此の毛色の変った学校は大日本平和協会の一事業で名誉学長には阪谷市長を戴き元神戸高商教師たるフランクミユラー博士が校長となって居る。（中略）生徒の大部分は米国人で宣教師科は一年と二年に分れ午前九時から正午まで。午後一時半から二時半までの二学期に分かれて居る、夜学に実業科は東京は僅か四人に対し横浜分校には土地柄だけに十五名いる日本語学校を「毛色の変った学校」と称していることから、外国人が日本語を学ぶことが珍しかったのである。教師は田口八郎夫妻他、教会関係者八名であり、教科書は「小学読本や朝鮮総督府編纂の普通学校国語読本其他」であり、授業の様子は以下の通りである。

黒板の平仮名を指し乍ら質問を発する、教師「今日はどんな天気ですか」生徒「今日は良い天気ですが少し御寒う御座います」と云う様な平易な日常の会話を耳に沁込むまで何遍も何遍も繰返して吹き込む、大体諳誦が済むと『ウエーバーさんの奥様とカルソンさんの奥様とで云って御覧なさい」と云う風に生徒同志で問答させる。頬髭の濃い中年の紳士や鼻眼鏡の中婆さんが幼稚園の生徒宜しくの挨拶をする所は滑稽でもあり殊勝気でもある。

反復と問答練習をし、その姿を「幼稚園の生徒」、「滑稽」であると見ていたのであった。

日本語教員の講習会の告知が出始めるようになった。一九一九年四月三〇日の「日本語教授法講習」の記事によれば、五月三日より六月二九日まで毎週土曜日午後二時より牛込区市谷田町二の二十一で日本語教授法研究会を行うとのことである。管見の限り新聞で日本語教員の講習会の記事が掲載されたのはこれが初めてである。この講習会は一九二四年九月三〇日にも掲載され、松宮弥平が主催したことが確認できた。松宮弥平は一八九三年から郷里の群馬県で米国人宣教師を相手に日本語の個人レッスンを始めたことで有名である。戦前の数少ない日本語教育の専門家であり、一貫して日本国内で日本語を教え、実際的教授法を編み出した実践派の代表であった。当時、多少なりとも日本語教授法の講習の需要があったことは注目に値する。

日本は近代化を成功させるためにも欧米の普遍的なシステムを取り入れなければならず、自然と言語も欧米列強の言語を崇拝するようになっていた。よって、それ以前の日本社会は、外国人が日本語を学ぶことは不可思議な光景であった。この傾向が一九二〇年代から変化していくのである。同じく『東京朝日新聞』の報道から見てみよう。

例えば、一九二一年五月一五日の「米陸軍で日本語の研究」、一九二三年七月六日の「露共産党の日本語研究」では、いよいよ本格的に海外でも日本語研究が行われると報じている。また、一九二一年九月一八日の「青鉛筆」という記事では、スエズでもリバプールでも単語レベルであるが日本語は通じると報道している。さらに、一九二二年四月一二日の「還付後の青島在留民」では、青島の人々にも日本語の教育を行うべきと提案し、日本語の海外拡張の機運が芽生えてきたといえよう。

一九二四年六月一八日の海軍少佐福永恭助が寄稿した「米国語を追払へ」は、外国人が日本語を学び、日本語で交流をし、知日家になって欲しいと表明し、一九二六年一〇月二二日の「日本語を用いよと　わが学者連奮起す　汎太平洋学術会議に当たり　英語使用に反対公開状　止むを得ずんばエスペラントでも」では、太平洋学術会議で日本語かエスペラント語を使用せよと日本の学者が要望を出したのであり、「従来学術的の報告や論説は、英独仏等の外国語によってなされるのが慣例でこれは是非共日本人の見識としても日本語によってやむを得ずんば国際語によって研究発表をなし、もし必要なりと認めたらばその論文なり報告なりのこう概だけでも外国文を付録すれば十分だといふ主張が学界一般の世論となって来た」という。知識人が国際社会で日本語を広めようとしていたのである。一九二〇年代は日本語の海外拡張論の兆しが出始めたといえよう。

ここに興味深い書籍がある。それは一九二六年に樋口麗陽が著した『鳴呼日本未来記』というものである。樋口は、大衆娯楽空想小説を多く著しており、特に一九二〇年に出版された『小説　日米戦争未来記』は当時の日本国民を震撼させ、二〇一三年になって佐藤優がこれを超訳し注目された[27]。

『鳴呼日本未来記』は一種の未来予想本というべきものであるが、彼は第六章において「日本語国際語となる」と記している。二〇世紀ごろまで大国が英国、米国であるので英語が国際間で便宜上英語を用いることが慣習となり自然に国際言語となったと述べ、さらに「然るに其後、日本が異常の文明的発展進歩を遂ぐるに至って、国際語は自然日本語が用いられるやうになった。此時代日本語は、二十世紀時代の日本語とは、大分ちがったもので、二十世紀以後に輸入された外国語の日本語化したものや、従来の日本語とが混合し、一種の新日本語が出来た。」という[27]。つまり、日本語が英語に取って代わり国際語となると予想しているのである。日本語が大きく変化していくとしていることは興味深いものであるが、ただ、当時の英米両国の国力から考えれば、このような発想に至ることはいささか疑問である。しかし、「日本が異常の文明的発展進歩を遂ぐる」と述べており、この背景には、日本ツーリズムの草創期到来と訪日外国人の誘致や日本人の海外旅行の活発化、また五大国の一員としてパリ講和会議への参加が自信を持って国際交流できるという精神が芽生えたからであろう。やがて、この自信が過剰となり一九三〇年代から一九四五年へと繋がる悲劇の序章の要因の一つとなったといえなくもないだろう。

3.「大東亜共栄圏」への日本語普及

外国人が日本語を学ぶことが珍しい時代であったのが、積極的に日本語を海外に普及せよという論調に変化していく様相が理解できたであろう。一九三八年に興亜院が設立されると、中国占領地の日本語教育は文部省と協力して実施されるようになる。一九三九年三月、第七四回帝国議会において日本語教科書編纂のための臨時予算が計上され、同年六月、文部省は興亜院、陸軍省等の関係諸官庁の代表、「外地」で日本語教育を行っている実践家や行政官、さらに学者を参集し国語対策協議会を開催した。駒込武はこの協議会を「本国の官庁が中心になって、植民地・占領地統治機関の関係者を組織した会議の開催は、たしかに画期的な出来事ではあった」と評価している。(28)従来、それぞれの「外地」の地域にある程度の裁量権があり、本国からの直接的な干渉はなかった。それが、この協議会を開催することで、対外的言語政策のイニシアティブを文部省が握ることを認めさせるためのデモンストレーションであったと考えられる。[29] 同年一二月九日、「朕日本語教科用図書調査会官制ヲ裁可シ茲ニ之ヲ公布セシム」と『勅令第八二九号』が下った。[30] この主な任務は以下の通りである。[31]

第一条　日本語教科用図書調査会ハ文部大臣ノ監督ニ属シ其ノ諮問ニ応ジテ東亜ニ於ケル日本語普及ノ目的ヲ以テスル教科用図書ノ編纂ニ関スル事項ヲ調査審議ス

国を挙げて日本標準の日本語教科書を作成しそれを使用させることで日本語普及を図ったのであった。文部省の動きはこれで終わりではなかった。翌年の八月には文部省の外郭団体として日本語教育振興会を改組強化し、会長は文部大臣の橋田邦彦自らが就任した。この日本語教育振興会は、「日本語教育に関する研究」「日本語教科書の編纂」「日本語教師の育成」「従来の日本語教育に関係ある諸団体の連絡並びにその事業の調整」等の事業を行うこととなり、[32] 外地への日本語普及がさらに強化されることになった。

では、日本は「大東亜共栄圏」内での日本語普及の大義名分をどのように考えていたのであろうか。前述した保科孝一のように共栄圏内の各民族が日本語を使用することによって貿易産業等が活性化され、彼らの利益が膨らみ、さらにかつての宗主国に搾取された「哀れむ境地」から自由になるということも挙げられたが、以下の側面も忘れてはならない。戦前・戦後の日本語教育界の中心人物であった長沼直兄の例を挙げてみる。長沼は一九二三年に当時文部省語学顧問であったハロルド・E・パーマー等と英語教授研究所を設立し、翌年には米国大使館日本語教官に就任し、『標準日本語読本』を作成した。実はこの教科書は日米開戦後に米国の陸空海軍や大学で採用されたほどであった。結果的に長沼は敵国の勝利に貢献したのであるから皮肉なものである。その後、一九三九年には文部省より臨時日本語教科書編集図書局事務を委託され、一九四一年に日本語教育振興会理事となった。その長沼は「大東亜共栄圏内に日本語を普及せしめる究極の目的が日本文化を浸透せしめ、日本人及び日本精神を完全に理解せしめ、以て共栄圏の積極的建設に寄与せしめるに在ることは誰しも異論のないところである」と述べている[33]。異民族が日本語を学び使用することで日本精神を身につけ「大東亜共栄圏」の一員になれるという典型的な当時の精神論である。戦後、長沼は「言語というものは思想交換の手段である」[34]と述べるが、戦時中は「思想交換」ではなく、一方的な思想の押し付けが日本語教育の姿勢でもあり、謂わば長沼は思想転向組といえる。尚、長沼は戦後、解散した日本語教育振興会の事業及び残余財産を継承し、言語文化研究所附属東京日本語学校を設立し、第一線で日本語教育に従事し続けた。

大陸の現場においても日本語教育と精神論は密接な関係を見せる。華北日本語教育研究所の理事長である別所孝太郎は「大東亜戦争と日本語普及」の中で以下のように述べている[35]。

日本語の普及は日華の提携とその文化交流とに欠くべからざる要因を構成するものだ。更にこれは大東亜戦争の発展により、その内包と外延とを拡充して大東亜共栄圏内の共通語たるべき意義を今や一段と高めたのである。即ち、東亜に於いて米英の桎梏から解放せられた国々の間の共通語、或いはフィリッピンの如く八十余種の言葉が通用している地方の共通語は、日本語を措いて他に之を求め得ないであろう。英語が世界を風靡し横行していたのは大東亜戦争勃発前の昔物語になった。今や「日本語」が新しい光を浴びて大東亜共栄圏内に普及せられ、更に進んでは生々発展の精神と新しい構造とをもった東亜独自の文化を培養し創造する地盤たらんとしつつある。（中略）それと共に我々は単なる「言葉」のみの指導者であってはならない、一歩をすすめて、日本語を通じ日本語によって中国人をして日本精神の真髄、日本文化の真面目を把握せしめ、理会せしめるに一段の努力と工夫とを致さねばならない。

英語の時代が終わったと断言し、日本語が日中間の文化交流に欠かせないといい、しかも、異民族に日本語を使用させることが日本精神及び日本文化を理解させることができるというのである。問題は、どのように日本語を普及させ、「大東亜共栄圏」の共通語とするかである。しかし、それには日本語そのものを解決すべき点が多々あった。輿水実は「日本語が拡がって行くことは日本精神が拡がって行くことだというのは、根本的には真実だと思う(36)」とし、日本語普及の問題点を以下のように述べている(37)。

支那人は英語が出来る。英語教育をうけている。日本語教育はこれと闘って行かなければならない。既に語学として英語が入っているところへ後から日本語が行くのである。日本語がこうした言語闘争において打ち克って行くには、日本語は簡単、明瞭、豊富、教え易く学び易い言葉でなければならない。日本語は今日までこれほど大量的に外に出たことがない、いわば人ずれがしていない。整理整頓がよく出来ていない。日本語の大陸進出と共に先ず第一に仮名遣い整理、漢字整理という所謂国語問題が再燃し、そこから発音符号の制定、基本語彙、基本文法、基本文型調査などの問題が生じて来ているが、依然として間に合わせ主義である。

英語に対し「言語闘争」とまで言い切る強い対抗心があるものの、体系的な日本語の分析がなされておらず、日本語そのものがわかっていなかったのである。基本語彙や基本文型が定まっておらず、国字として漢字と仮名を併用すべきか、それとも仮名を専用にすべきか、表音式の仮名遣いにするのか、歴史的仮名遣いにするのか、これらの問題は日本国内の国語教育でさえも統一見解がなされておらず、ましてや海外の日本語普及に際してはこれらの問題が解決できなければどの日本語を普及したらいいのかわからないのであった。さらに付け加えるならば、従来の日本語教育では一通り学習した程度の日本語では新聞記事は読めなかったという。[38]

一九四二年三月、ようやく国内で国語審議会が「標準漢字表」を発表し、同年七月には「字音かなづかい整理案」、「新字音仮名遣表」を決定した。[39] しかし、保守的傾向の者達から反対された。あの橋本進吉も「仮名遣いは、単なる音を仮名で書く場合のきまりでなく、語を仮名で書く場合のきまりである」[40]とし「表音的仮名遣は仮名遣にあらず」とし疑問を呈している。[41]「新字音仮名遣表」に対し、戦時下の国民思想に動揺を与え、歴史軽視の風潮を生ずるものとして一部に強い反対が起こり、学問的にも問題があるという説も出てきて、政府は結局採否できなかったのである。[42]

金田一京助は当時の状況について以下のように述べている。[43]

緒戦のはなやかだったころは、伝統を重んずべしという声盛んに、国民のよく困難に打ち勝つ力も、幼い時から、むずかしい漢字を学び、むずかしいつづりと取っ組んで成長するうちに知らず知らず養われていて、それで今日の大勝をうることができたのだと考えるものがあった。それゆえ、国字・国語の問題は、戦争中は火の消えたよう、まさに暗黒時代ともいうべき時期を経過していた。

たかが、仮名遣いではあるが、時局の影響がここにも及んでいることは驚くべきものであろう。とはいうものの金田一は「文化戦の一等先に立つ大事なものは、どうしても言葉である。これを思ふと、我々の国語は、これからの戦の、飛行機とも、戦車とも、爆弾とも、魚雷ともなる武器である」と述べている。[44]つまり、文化戦や言葉＝武器という思想に陥っている限り、当時の大物知識人である金田一自身も戦時総力戦体制の中心人物の一人であり、その中において国字・国語の問題を論じているに過ぎなかったといえよう。

一方、陸軍省は一九四〇年に「兵器名称及用語ノ簡易化ニ関スル規定」を、翌年には「兵器ニ関スル仮名遣要領」を依命通達した。前者は漢字を制限したものであり、後者は一九四二年に臨時国語調査会の「仮名遣い改定案」に準拠し、日本語を簡易化し、表音的仮名遣いを採用することにしたのであった[45]。戦時色に影響を受けた保守派の考えとは逆行したものであり、皮肉にも命の遣り取りを行う戦場では、これを用いたのであった。

問題は仮名遣いだけではなく発音の問題も大きかった。言論界の中心人物の一人である長谷川如是閑は、文部省の日本語教科用図書調査会が組織されたことを「苦笑を禁じ得なかった」と評し以下のことを述べている[46]。

外国人に日本語を教えるのは、意味が通ずれば一応目的を達するわけで、「正しい日本語」などは、問題ではないというものもあるかも知れないが、実際問題としても邦語のそれよりも音感覚をもっている支那人は、日本語を習う場合にも、正しく教えられれば、比較的正確に語り得る能力がある。彼等は日本語のみならず、欧語でも日本人などよりは遥かに正しく語り得る能力を持つといわれる。

それほど言語の達人たる支那人に、いい加減の日本語を教えたのでは、向ふが承知しまい。現に私自身の経験でも、私のある言葉が江戸っ子訛の発音であった為に支那人に理解されず、その支那人から正しい発音を教えられたことがあったが、その支那人は学者でもなんでもなく、ホテルの老ボーイであった。

外国人にこそ正しい日本語が教えられねばならないが、それには先ず、日本人自身が正しい日本語を取り戻さねばならぬ。

「大東亜共栄圏」の盟主たる日本精神そのものの日本語は、全く統一性がなく、国内外で散逸した掴みどころのない存在であった。どれだけ統一性を持たせたとしても日本人自身がそれを使いこなすことができなかったという致命的な点があった。詳細は後述するが八路軍の日本語教育でも発音は問題になった。

では、この日本語が当時の中国において、どのように受け入れられていたのか次章で見てみよう。

【注釈】

（1）保科孝一『大東亜共栄圏と国語政策』（統正社、一九四二年）一八五頁

（2）同上書　一九九頁

（3）大西雅雄「共栄圏と言語政策」（『コトバ』四巻一号、一九四二年）一九―二〇頁
（4）前掲注（1）書　一九九頁
（5）厚地盛茂編『近衛首相演述集　その二』（一九三九年）五頁
（6）馬場明「興亜院設置問題」（『外務省調査月報』Vol. VII, No. 7–8、一九六六年）三五六頁
（7）前掲注（5）書　七頁
（8）外務省編纂『日本外交年表竝主要文書』（原書房、一九六六年）四三六頁
（9）極東国際軍事裁判所編『極東国際軍事裁判速記録』（第一七五号、一九四七年）二頁
（10）『東京朝日新聞』一九四〇年八月二日
（11）同上書
（12）『幣原喜重郎』（幣原平和財団、一九五五年）五一七頁
（13）『岩畔豪雄氏談話速記録』（日本近代史料研究会、一九七七年）一五一頁
（14）同上書　一五〇―一五一頁
（15）同上書　一五一―一五二頁
（16）安部博純『日本ファシズム研究序説』（未來社、一九七五年）三五七頁
（17）同上著「〈大東亜共栄圏〉構想の形成」（『北九州大学法政論集』第16巻第2号、一九八九年）一二八頁
（18）同上書　一二八頁
（19）前掲注（13）書　一五二頁
（20）前掲注（17）書　一三一頁、前掲注（13）書　一五三頁
（21）同上書　一五二頁

(22) 前掲注(17)書　一三一頁
(23) 前掲注(13)書　一四一頁
(24) 前掲注(8)書　四三六頁
(25) 一又正雄「大東亜建設条約と国際法史的意義」(『法律時報』第一六巻、一九四四年一号) 三六頁
(26) 興亜院『国定教科書斜謬ト題スル抗日文献』(一九四一年五月) 三三頁 (『中国近現代教育文献資料集』(日本図書センター、2005年))
(27) 佐藤優『超訳　小説　日米戦争』(K&Kプレス、二〇一三年) のカバー裏表紙によれば樋口麗陽の『小説　日米戦争未来記』は「日米が必ず衝突すると予測し、当時の日本国民を震撼させ、話題騒然となった。」と述べている。
(28) 駒込武『植民地帝国日本の文化統合』(岩波書店、一九九六年) 三一八頁
(29) 同上書　三一九頁
(30) 『官報』(一九三九年一二月十一日) 三三七頁
(31) 同上書
(32) 日本語教育振興会『日本語』(一九四一年) 三七頁
(33) 長沼直兄「日本語教育目標の諸段階」(日本語教育振興会『日本語』第三巻第九号、一九四三年) 巻頭言
(34) 豊田豊子「伝統的日本語教授法—長沼直兄と鈴木忍の場合—」(財団法人言語文化研究所『日本語教育研究』第三〇号、一九九五年) 五八頁
(35) 『華北日本語』第一巻第一号 (華北日本語教育研究所、一九四二年) 二頁

(36) 輿水実『言葉は伸びる』（厚生閣、一九四一年）二八八頁
(37) 同上書　二八四頁
(38) 多仁安代『大東亜共栄圏と日本語』（勁草書房、二〇〇〇年）四頁
(39) 『覆刻　文化庁国語シリーズⅠ　国語問題』（教育出版社、一九七三年）一一三頁、一八九頁
(40) 橋本進吉「表音的仮名遣は仮名遣にあらず」（東京帝国大学国文学研究室内国語と国文学編集部『国語と国文学』第一九巻第一〇号、一九四二年）一一九頁
(41) 同上書　一一九―一三二頁
(42) 前掲注(37)書　一九二頁
(43) 同上書　一一三頁
(44) 金田一京助『言霊めぐりて』（八洲書房、一九四四年）七七頁
(45) 同上書　一九二頁
(46) 『讀賣新聞』夕刊（一九三九年一二月一日）

第二章　中国にとっての日本語

1．日本語ブーム到来

　中国での抗日運動は一九一五年の対華二十一カ条要求から大きくなっていった。特に上海は中国で最も激しい抗日運動・テロが起きていた。一九三一年九月の「満洲事変」によって日貨ボイコット運動が繰り広げられ、翌年には『民国日報』の「不敬」事件や日本人僧侶への殺傷事件といったような過激な抗日活動が続いた。

　この状況で、中国は日本語をどのように受け止めていたのであろうか。抗日運動が吹き荒れていた当時から考えれば、積極的に日本語を学んでいたとはいえないと見るのが自然である。しかし、実態は違っていた。余り知られていないが、実は一九三〇年代に中国で空前の日本語ブームが到来していたのであった。ここでは上海を通して中国の日本語ブームを論じることにしよう。

　一九三四年一二月二八日の『讀賣新聞』に米村耿二が記した「近頃支那の種々相　（一）日本語万歳！　出世の近道―日支提携に動く若き支那の近代相」という見出しの記事がある。その内容を見てみよう。

日本語！日本語！いまや世界を挙げての、わが日本語研究熱の旺んなことはどうだ―といふも過言ではあるまい。特に新興国満洲国誕生以来、そして華北停戦協定の成立を契機に中学生を中心とする若き支那の青年男女の間における日本語熱は文字通り素晴らしいものである。「日支問題を口にする前に、先ず日本語を学べ！そして日本の書籍を読破しろ！」これが最近の若き支那の叫びである。

このごろ上海市内に、日語教授の看板が、ふえたことふえたこと。そしてひところの排日貨の物凄い波を乗り越え押し切って、来るわ来るわ？一ヶ年にしてざっと三百万円ばかりの膨大な日本書籍が、上海市だけでも消化されつつある有様である―これは北四川路の古い日本書籍店の内山店主の言なのだから間違いない事実だ。これまで中学校を卒業しても、仲々いゝ就職など思いも寄らなかった若い人達が、新に日本語を勉強して、新興国満洲国いわゆる王道楽土へ乗り出そうといふ、これこそこの人達にとって、恵まれたる新しい出世の近道に外ならぬのである。

中国だけでなく世界的な日本語ブームと言わんばかりに喜びと誇りが混在されて述べられている。このブームは日本語書籍と密接な関係であったのである。

それ以前から日本は世界に対して日本語の存在や使用をアピールしていた。例えば、一九二九年一〇月二四日の『讀賣新聞』では「議場用語は日本語で　世界動力会議」と題し、同年同月二九日から開催される世界動力会議東京部会において議場用語を日本語で行われると報じた。また、一九三四年七月二五日の同紙では「『紋つき』日本語で世界を押廻る」万国議員会議に出席する日本人議員が一等国である以上外国の真似をして自ら卑下する必要はないとし外国語は一切使用せず日本語で押し通すという。さらに一九三五年一月二五日と二七日の同紙では従来英語を使用言語としていた日蘭海運会議において日本側は日本語も使用言語にせよと強引に主張し、オランダ側と衝突し、日本側は日本語が受け入れられないならば会議を閉会すると強硬手段を取ったのであった。そして、メディアも日本語使用の強引な主張に対し好意的な姿勢であった。日本の海外への膨張と共に日本語が積極的に海外展開していく様相がわかる。

前述の「近頃支那の種々相　（一）日本語万歳！　出世の近道―日支提携に動く若き支那の近代相」に話題を戻そう。この記事によれば、「満洲国」の建国、華北停戦協定の成立を契機に中学生を中心とする若い中国人の間で日本語がブームとなっており、上海においても同様の様相が見られ、日本語を学ぶことによって「満洲国」で新たな就職の機会を求める者もいるという。「満洲国」の建国は一九三二年三月である。華北停戦協定は一九三三年五月に結ばれた塘沽協定である。したがって、一九三二年～一九三三年にかけて日本語ブームが到来したと考えられる。しかし、上海はどうも違う。上海在住で内山書店を経営していた内山完造によれば以下の通りである。(1)

国民政府全国教育大会に於いて、英語廃止日本語採用の提案があった。流石にこれは否決された。そして劉大白先生提案に依る中等学校に日本語科を正科として加へることが満場一致で通過したと云うことが、一層日本語熱を盛んならしめることになり、ここかしこにも日本語教授とか日本語学校とか云う看板が見られる様になった。

「国民政府全国教育大会」というのは一九二八年五月一五日〜五月二八日に南京で開催された中華民国大学院主催による蔡元培を議長とする第一次全国教育会議である。この会議について中国の新聞の『申報』が報道している。一九二八年五月一五日と一八日の『申報』によれば普通教育組（初中等教育組）において范壽廉が中等師範学校及び中等職業学校の外国語科目に日本語を課すことを提案し、決議されたのである。内山は劉大白が提案したというが、『申報』とは違う。内山の記憶違いではないだろうか。

この会議の決議と日本語教育の関係に関して外務省文化事業部の分析も内山と同様のことを指摘している。(2) 内山は上海在住者であり、日本語書籍の売れ行きがすぐにわかる内山書店の経営者である。それに内山書店の売り上げの六割は中国人であった。(3) したがって、中国人の客を多く持つ内山の言説は無視できない。以上から上海における日本語ブームの到来は第一次全国教育会議以降と考えられるが、一九二七年二月一一日の『申報』に掲載された新民学院の広告によれば「最近の社会では日本語ができる人材に対する需要は非常に高いです」と記されている。おそらく、上海では第一次全国教育会議以前の一九二七年頃より日本語人材の需要が高まっていたと考えられる。内山は「英語廃止日本語採用の提案」と述べているが、資料の関係上、これが定かであるかどうかは断定できない。よって、今後の課題としなければならない。これが史実であるならば、当時の排日運動が吹き荒れる社会状況や米国の影響が大きい中国教育界を考慮しても注目に値する。

2. 日本語学習の目的

なぜ第一次全国教育会議において中等師範学校と中等職業学校に日本語を課したのであろうか。一九四四年に上海で出版された『支那人の日本語研究』によれば以下の通りである。(4)

イ　現在中等師範学校、職業学校は外国語として英語を課しているが、学生は卒業後上級学校に進む者は少なく、また学習も日本語に較べて難解であり、ほとんどその効果を認められない。若し日本語を課すならば、実社会に出て活動しながら日本語を学ぶことが出来る。

ロ　日本語の書物には欧米の翻訳書も多く、学生の参考書も十分に求めることが出来る。

ハ　欧米の書物に比較して日本の書籍は価格低廉なること。

進学する者が少ないことと、日本語は英語より容易であり仕事をしながらでも日本語が学べ、欧米の日本語翻訳書が多く、日本語書籍の安さという利点から日本語を課したということがわかる。この時点ではまだ日本の強引な日本語普及政策はない。社会実体や日本語の容易さ、日本語を通した情報収集が重要であり、自主的に日本語を選択したといえる。ただ、第一次全国教育会議において「学校の機会ある毎に国恥事実を教授し、支那第一の仇敵は何国なるやを知らしめ、これを反復熟知せしむること」、「第一仇国を打倒する方法を教師学生共同して研究すること」と定め、当然「仇敵」「仇国」は日本であった。[5]したがって、日本語を課すことは日本に対する好意的なものではなく、「仇敵」攻略のための日本語教育の側面もあった。既にこの時点で「仇敵」「仇国」日本への対策のための日本語教育を意識していたといえる。そして、この日本語教育の目的は抗日派の日本語学習や後の八路軍の日本語教育重視戦略へと繋がっていたのである。

では、上海の中国人が日本語を学習した理由は、第一次教育会議で日本語が採用されたそれと同様であったのだろうか。第一次全国教育会議から約二年後である一九三〇年当時の資料から分析してみよう。同年、外務省情報部が分析した報告書によれば以下の通りである。[6]

支那人カ日本語ヲ研究セントスル主ナル目的ハ（一）日本ニ留学セントスルモノ（二）日本関係ノ事業ヲ経営セントスルモノ（三）日本ニ於ケル書籍新聞雑誌ヲ閲読セントスルモノ（四）日本人商社ニ雇傭セラレンコトヲ希望スルモノ等ニシテ就中第三項ノ目的ヲ日本語ヲ習得セントスルモノ最モ多数ヲ占メルモノノ如シ

表1．1936年—1937年の一ヶ年における上海の三書店の売り上げ（単行本）

書店名	1ヶ年の冊数	1ヶ年の金額	日本人購読者比率	中国人購読者比率
内山書店	100,000冊	200,000弗	30％	70％
日本堂	4,000冊	6,000弗	100％	—
至誠堂	13,500冊	25,000弗	85％	15％

【出典】 外務省外交史料館所蔵記録『上海地方ノ日本図書及日本語ニ関スル上崎司書ノ視察報告』（1937年3月）頁無記入、より酒井作成

表2．1936年—1937年の一ヶ年における上海の三書店の売り上げ（雑誌）

書店名	1ヶ年の冊数	1ヶ年の金額	日本人購読者比率	中国人購読者比率
内山書店雑誌部	18,000冊	9,000弗	65％	35％
日本堂	120,000冊	60,000弗	80％	20％
至誠堂	54,000冊	27,000弗	100％	—

【出典】 外務省外交史料館所蔵記録『上海地方ノ日本図書及日本語ニ関スル上崎司書ノ視察報告』（1937年3月）頁無記入、より酒井作成

前述した通り、第一次教育会議で日本語が採用された理由とは異なるが、日本語書籍という部分で上述の（三）が重なる部分もある。（三）の者が一番多いということは、日本語活字文化を求めている中国人が多かったということである。この背景に一九二七年四月一二日、蔣介石は上海で反共クーデターを断行し、思想弾圧及び文化制限を行ったため、新知識を渇望する者が多くなった。その時期に日本では円本ブームが起こった。一九二六年、改造社が一冊一円で毎月配本する『現代日本文学全集』を予約出版したところ大きな反響を呼び、この後、春陽堂、新潮社、平凡社、岩波書店等が続々と円本ブームに参入した。このブームは中国にも波及し、内山書店等の取次店を通し、日本語を通した多くの思想・文芸の新知識は知識人を中心とする中国

写真 1. 内山書店経営者の内山完造と魯迅

2 人の友情は深く中国の日本語・日本研究に大きな貢献をした。
内山完造『魯迅の思い出』(社会思想社、1979 年)

人を魅了した。表1と2に外務省外交史料館所蔵記録の『上海地方ノ日本図書及日本語ニ関スル上崎司書ノ視察報告』にある上海の書店の売り上げ状況を記した。単行本に関しては圧倒的に内山書店が多く、販売冊数も日本堂の二五倍、至誠堂の約七・四倍である。内山書店の客層の大半は中国人である。しかし、雑誌の売り上げ冊数は至誠堂の一五%しかない。殆どの雑誌は娯楽雑誌であり、中国人はこれらを購入しない[7]。内山書店の客の大半は中国人であることから雑誌の売り上げが他の書店より少ないのは当然である。内山書店の客層は魯迅、郭沫若、郁達夫、田漢等の著名な知識人、中国出版業界の開明書店、中華書局、商務印書館、また、中国政府機関である上海文庫や中山文化研究所、さらに昆明の軍官学校、蒋介石政権の戴李陶、汪精衛政権の陳郡等がおり反日派も含め幅広いものであった[8]。そして、これら文化人を目当てに中国人学生が来店し、中には日本文の読めない客もおり、彼等は一度日本語書籍を手にしたならば必ず日本語を学習するという[9]。

興味深いことに内山書店は通信販売もしており、奉天、北京、大連、石家荘、重慶、西安、蘭州、青島、済南、漢口、開封、成都、昆明、広東、廈門、福州、杭州、南京、ウルムチ、蒙古、雲南、貴州等中国各地から注文が相次ぎ、中には獄中の中国人からの注文にも応じている[10]。

以上のことから内山書店を中心に上海は中国各地に日本語活字文化を供給するセンターであり、日本語普及の貢献だけでなく日中間の文化錯綜交流の場を提供していたといってよい。

前述した外務省情報部が分析の「(一) 日本ニ留学セントスルモノ」に関しては、一九二六年から一九三〇年にかけて日本へ留学する者が一・七倍に増加する[11]。この要因は失業危機からの脱出、国民党が文化制限し先進知識を学べない危機感から日本へ留学したのであった。おそらく上海だけの現象ではなかっただろう。

同省情報部が分析した「(二) 日本関係ノ事業ヲ経営セントスルモノ」と「(四) 日本人商社ニ雇傭セラレンコトヲ希望スルモノ等」を見てみよう。中国一の国際貿易都市である上海らしく個人の職業キャリアアップのための日本語学習であるが、これは上海の特徴である。例えば北京や天津は日本留学の準備もあるが、大部分は日本事情及び日本研究のためである[12]。また、日中戦争前の一九三七年二月に外務省文化事業部によって作成された『三増英夫調　中華民国ニ於ケル日本語研究ノ現況（附　日本近代科学図書館論）』に以下のように分析している。(13)

経済都市タル性質上文化的要求ト共ニ経済的要求ニ基ク所アルハ特殊的現象ト謂フヘシ。即チ日語研究者中多数ヲ占ムルモノハ同様学生ナルモ、中国人「ブローカー」ノ支配ヲ脱シテ日本内地商業家トノ直接取引ヲ希望シ、貿易商並ニ其ノ子弟乃至使用人等ニシテ通学スルモノ亦相当数ヲ認ム。此ノ如キ趨勢ハ近時益々増大傾向ナリ。

職業キャリアアップのための日本語学習が根強いことがわかる。一九二三年に日本郵船が長崎―上海間を結ぶ日華連絡船を就航させ、それに伴って上海に渡航する日本人や来日する中国人は急増した。その結果、前述した通り一九二〇年代から一九三〇年代にかけて日本人の数は急増し、それまで外国人最大多数派の英国を抜き第一位となった。そして、多くの日本企業も上海に進出し投資した。潘州事変後の一九三一年における日本の事業投資が約五億五、五〇〇万円であり、紡績業が約二億円、貿易・商業も同じく約二億円を投資しており、大半を占めている。(14) 上海事変前の投資額が、五億～六億円であったということから、(15) 上海事変が勃発しても日本は上海に多額の投資をしていることになる。よって、上海では日本関係の職業キャリアアップのための日本語学習が盛んになることはむしろ自然であり、特徴なのである。

3.「日中戦争」以降の上海における日本語普及状況

3―1.「中華民国維新政府」

一九三七年八月一三日、第二次上海事変が起こり同年一一月、上海は陥落した。日本は「華をもって華を制する」という方針で占領地に日本の所謂傀儡政権を設立させた。翌年三月、華中を支配に置く「中華民国維新政府（行政院長、梁鴻志）」を設立させ、同年一二月、華北を支配に置く「中華民国臨時政府（行政委員会委員長、王克敏）」を設立させ、内蒙古では「察南自治政府」と「晋北自治政府」と「蒙古連盟自治政府」を統一し一九三九年九月、「蒙古連合自治政府（主席、徳王）」を設立させた。そして、一九四〇年三月、南京に「中華民国国民政府」を設立させ、一一月に汪精衛が主席となった。

第二次上海事変勃発後の一九三七年一二月五日、日本軍特務部の西村展蔵が関わり、上海市大道政府が設立した。日本は南京占領後、一九三八年三月二八日、「中華民国維新政府（以下、「維新政府」）」を成立させ、上海は正式にこれの管轄に帰属し、上海大道政府は督弁上海市公署と改名された。そして、僅か七ヶ月も経たず、同年一〇月一六日、督弁上海市公署は上海特別市政府並びに対外弁公と改名された。

一九三九年六月二九日、上海市長である傅宗耀は、施政方針の講話で「中、日、満の三国は同文同種で関係が大いに密接であり、相互に賛助し提携し共存共栄し力を合わせ東アジアの和平を確保する」と述べている。[16] 相互の言語の同文同種の考えがあった。また、翌年四月に発表された『上海特別市政府姿勢綱要』では「(五) 整頓教育」と題し以下のことを述べている。[17]

教育の盛衰は国家の強弱と大きく関わり、ゆえに東西の各国は、量的方面を重視するほか、質を最も重んじている。学校は多いが、その多くは腐敗している。今から、学校を拡充するほか、訓導を最も重視すべきである。例えば、道徳教育を重視し、古の聖人の遺訓に基づき、孝、悌、忠、信、礼、義、廉、恥といった我国固有の道徳を以て、学生に対する訓練を行い、善良なる国民に育て、中日親善の促進、中日関係の理解をさせ、日本に対する同情を引き起こすようにする。

「維新政府」に対し強い日本の意向が働いており、上海特別市政府は日本の上海特務機関顧問部にコントロールされているのも同然であった。そして、古来の儒教思想を重視して教育を行うとは言うものの、結局は日本の考えを理解させることを第一とし、その教育された学生を使って日中関係を緊密にしていこうというものであった。当然、日本語教育が重要となってくる。

一九三八年三月二八日、「維新政府」は「中華民国維新政府宣言」を発表した。同年五月二五日、教育部長の陳羣は「根本方針トシテハ東亜固有文化ノ発展ヲ計ルト共ニ世界ノ科学知識ヲ吸収、採択シ、思想ノ健全化ニ努メ、又体育ノ向上ニ努力スル点ニ重点ヲ置キ」とし「日本語、英語ヲ必須課目トスル」と言明した。[18]それ以前の五月七日、維新政府の最高顧問である原田熊吉陸軍中将は「東亜の新秩序の建設に鑑み、両国の国民はすべて東亜共同体の構成員であるので、両方の協同と団結を促進し、強化させるため、相互の言語に通じ合うことが極めて重要である。そのため、すべての中、小学校では最も日本語で教育を行うべきである」という維新政府へ覚書を提出しており、[19]日本側の日本語普及の圧力があったといえる。それに対し維新政府は「中日親善ノ基ヲナスモノハ両国文化ノ交流ト相互ノ理解トニ在リ、理解ノ方法ハ言語ト文章トニ在リ」とし、特に学校教育における日本語教育を最重要課題とした。[20]その結果、「学校教育ノ分野ニ於テハ暫行小学規定中、初級小学ニ於テハ日本語ヲ随意科目トシ高級小学ニ於テハ必須課目中ニ加ヘ毎週三時間ヲ課スベキコトヲ規定シ、暫行中学規定中、中学ニ於テハ日本語ヲ基本課目トシ毎週五時間乃至三時間ヲ課スベキコトヲ規定セリ」とした。[21]小学校の日本語教育について「日常所要ノ日本語ヲ教授スルヲ以テ足レリトセズ、日本事情、日本文化ヲ紹介スルトトモニ日支親善ノ基調ヲ造成スルヲ目的トシツ、アリ」とした。[22]

一九三八年一二月、教育部立臨時教員養成所を設立し、そこに日本語教員養成班を付設した。一九三九年の末には中国占領地域の統治を管掌する興亜院の華中連絡部にて約二五名の日本人教員を採用し、維新政府管下の小・中学校に配属された。[23]

再説するが第一次教育会議では中国側が自主的に日本語を課し、その結果日本語ブームの契機となった。しかし、「維新政府」下では日本の意向で日本を理解させるための強引な日本語教育を行うこととなったのである。

この強引な遣り方に上海はどのように反応したのだろうか。一八七二年四月二〇日、英国人貿易商の Ernest Major が上海で創刊し、最も影響力のあった中国語大衆向けの商業新聞『申報』の報道姿勢はある程度参考になるであろう。例えば一九三八年一〇月一五日の同紙に「日軍奴化北平教育(上)」と題された記事では、学校教育の中で日本語を必修にさせられたことを報道し「我々を悲しませ、怒らせたのは、日本人が北京の教育に対し蹂躙したことである」と断じている。また、一九三九年二月一七日の「日軍在鄂中施行奴化政策」では「日本軍は、我国の民心を籠絡しようと、鄂中の宋河鎮で、村民相談会および各種の政治工作機関を新設し、さらに児童試合会を設け、日本語を教え、奴化教育を行っている」と報道している。他地域での強引な日本語教育を取り出し「奴化」と批判している。これは上海の立場を暗に表しているといえよう。恐らくこれが多くの上海在住の中国人の想いであったと推測できよう。

3―2.「中華民国国民政府」

一九三九年八月二八日、汪精衛は上海で中国国民党第六次全国代表大会を開催し、翌年三月二〇日、汪は代理主席として南京に「中華民国国民政府」樹立を宣言した。そして、『国民政府政綱』を発表しその第一〇条では「反共和平建国を教育の基本方針とし併せて科学教育を高め、浮言空漠の学風を一掃する」と定めた[24]。

一九四〇年七月六日、日本支那派遣軍総司令部は汪精衛に「教育部が日本語を中・小学校の必修科目にするよう要求し、しかも当行動は日本への親善の程度と誠意を示す重要な印だと主張している。」という書簡を送った[25]。しかし、「中華民国国民政府」は日本語を最も重要な外国語にしようと考えていなかった。そこで、興亜院文化局局長であり駐華大使館書記官長の清水董三は私人名義で何度も教育部部長の趙正平を訪問し「日本側に驚き怪しまれないように、各政策の改善に当たり、漸進的なやり方を取るべきです」と訴えた[26]。清水は日本語が正課にならなかった時の日本軍の反発を恐れている一方で「中華民国国民政府」の面子をたてることを考慮し、漸進的でもいいから日本語を正課に加えるよう提言したのである。それに対し教育部は以下のように回答したという[27]。

よく考慮し、全般を配慮する視点から、小学校の課程に外国語を入れない予定ですが、課程表に次のように説明を加えます。外国語は原則的に教えませんが、大都会においては、実際の需要に応じ、高学年は正式な授業以外、外国語としての日本語または英語を教えることができます。初級中学以上は必修科目に指定します。

上述の回答が出るまである程度の時間を要したであろう。「維新政府」の採った小学校からの日本語教育は目玉の一つであった。「中華民国国民政府」はそれを踏襲しないが、日本軍との妥協案として大都市圏の需要に応じ日本語を課すとした。そして、同年七月には小学校教員の再訓練を目的とした教員養成所を廃止し、そこで行われていた華中唯一の日語専修班も同様となった[28]。汪政権の設立に対し中国民衆の受け止め方は冷淡かつ無関心であった。脆弱な体制である汪政権は従来通りの「対日協力政権」では民衆の人心を把握できなかった。そこで対日政策として「一面抵抗、一面交渉」を打ち出し「親日」ではなく、中国の統一を第一に考え、多くの議題で日本側と激しい議論を行った。この点は日本語教育に関しても例外ではないことがわかる。しかし、「一面抵抗、一面交渉」も限界があり、結局は上海特務機関の管轄下では五四の小学校が日本語教育を行うこととなる[29]。

「中華民国国民政府」は、初・高級中学校、師範学校では日本語を課すが、時間数を大幅に変えた。表3と4を見てみよう。学制の関係上、中学に種類の違い及び五年制から三年制に縮小されたとはいえ、「中華民国国民政府」の日本語時間数はかなり減らされており、特に高級中学の三年間で日本語の一二時間に対し英語が倍の二四時間となり、英語重視の姿勢であり、日本側の要求に対する抵抗を垣間見ることができる。

菊沖徳平は小学校の日本語教育が問題と指摘し「殊に首都南京を中心として政治的客観情勢は北支のそれとは多分に異色を存するものであり、独立国としての体面、初等教育に於ける負擔過重等色々理由は存するであらう暫次解消す可き運命にあると言へる」と分析しているものの、日本語普及については楽観的にみている[30]。一方、興亜院の反応は「維新政府時代ニ比較シ、或ハ北支ニ比較シ更ニ現地ノ実際ニ見ルニ行政的特殊ニ基ク日本語教育ノ困難性ヲ痛感セザルヲ得ズ[31]」とし、日本

表 3.「中華民国維新政府」下の中学校外国語科目時間数

<table>
<tr><td rowspan="2" colspan="2"></td><td colspan="2">第 1 学年</td><td colspan="2">第 2 学年</td><td colspan="2">第 3 学年</td><td colspan="2">第 4 学年</td><td colspan="2">第 5 学年</td></tr>
<tr><td>第 1 学期</td><td>第 2 学期</td><td>第 1 学期</td><td>第 2 学期</td><td>第 1 学期</td><td>第 2 学期</td><td>第 1 学期</td><td>第 2 学期</td><td>第 1 学期</td><td>第 2 学期</td></tr>
<tr><td rowspan="2">男子中学</td><td>日本語</td><td>5</td><td>5</td><td>5</td><td>5</td><td>5</td><td>5</td><td>4</td><td>4</td><td>4</td><td>4</td></tr>
<tr><td>英語</td><td>2</td><td>2</td><td>2</td><td>2</td><td>2</td><td>2</td><td>2</td><td>2</td><td>2</td><td>2</td></tr>
<tr><td>女子中学</td><td>日本語</td><td>4</td><td>4</td><td>4</td><td>4</td><td>4</td><td>4</td><td>3</td><td>3</td><td>3</td><td>3</td></tr>
<tr><td>農業中学</td><td>日本語</td><td>4</td><td>4</td><td>4</td><td>4</td><td>4</td><td>4</td><td>3</td><td>3</td><td>3</td><td>3</td></tr>
<tr><td rowspan="2">工業中学</td><td>日本語</td><td>4</td><td>4</td><td>4</td><td>4</td><td>4</td><td>3</td><td>3</td><td>3</td><td>3</td><td>3</td></tr>
<tr><td>英語</td><td>2</td><td>2</td><td>2</td><td>2</td><td>2</td><td>2</td><td>2</td><td>2</td><td>2</td><td>2</td></tr>
<tr><td rowspan="2">商業中学</td><td>日本語</td><td>5</td><td>5</td><td>5</td><td>5</td><td>5</td><td>5</td><td>4</td><td>4</td><td>4</td><td>4</td></tr>
<tr><td>英語</td><td>3</td><td>3</td><td>3</td><td>3</td><td>3</td><td>3</td><td>3</td><td>3</td><td>3</td><td>3</td></tr>
</table>

【出典】　菊沖徳平「最近中支の日本語教育」『日本語』（第 1 巻第 5 号、1941 年）46 頁より酒井作成

表 4.「中華民国政府」下の師範学校、高級中学校、初級中学校外国語科目時間数

<table>
<tr><td></td><td></td><td colspan="2">第 1 学年</td><td colspan="2">第 2 学年</td><td colspan="2">第 3 学年</td></tr>
<tr><td></td><td></td><td>第 1 学期</td><td>第 2 学期</td><td>第 1 学期</td><td>第 2 学期</td><td>第 1 学期</td><td>第 2 学期</td></tr>
<tr><td rowspan="2">男女師範学校</td><td>日本語</td><td>3</td><td>3</td><td>3</td><td>3</td><td>3</td><td rowspan="2">選択科目</td></tr>
<tr><td>英語</td><td>3</td><td>3</td><td>3</td><td>3</td><td>3</td></tr>
<tr><td rowspan="2">高級中学</td><td>日本語</td><td>2</td><td>2</td><td>2</td><td>2</td><td>2</td><td>2</td></tr>
<tr><td>英語</td><td>4</td><td>4</td><td>4</td><td>4</td><td>4</td><td>4</td></tr>
<tr><td rowspan="2">初級中学</td><td>日本語</td><td>3</td><td>3</td><td>4</td><td>4</td><td>4</td><td>4</td></tr>
<tr><td>英語</td><td>3</td><td>3</td><td>4</td><td>4</td><td>4</td><td>4</td></tr>
</table>

【出典】　菊沖徳平「最近中支の日本語教育」『日本語』（第 1 巻第 5 号、1941 年）46 頁より酒井作成

語普及の危機感を抱いていた。この危機感から判断するならば「中華民国国民政府」設立当初、日本語普及に陰りが見えてきた証左ではないだろうか。

4.『申報』から見た日本語への関心

これまで論じてきたことから、一九三〇年代～一九四〇年代初頭にかけて日本語ブームは持続しておらず浮き沈みがあったことがわかる。おそらく上海だけでなく大陸全体にいえることであろう。しかし、具体的にいつからいつまでが日本語ブームであったかを判断するには難しい。そこで、メディアに日本語関係の報道がどの程度掲載されていたかを調べることによってある程度見えてくる。特に商業新聞は売れるために読者のニーズに応えなければならない。つまり、商業新聞が掲載する内容はある程度、良くも悪くも読者の関心があり、日本語普及と関係があると考えられる。そこで最も影響力のあった中国語大衆向けの商業新聞『申報』からその一端を検証していく。『申報』では日本語教育に対する批判的な記事もあるが、その多くは日本語教育機関や日本語学習書の広告、日本語人材の求人である。図1に『申報』において「日語」の使用数を調べたものを記した。一九三〇年代～一九四〇年代初頭を対象としている本稿ではあるが、あえて一九二七年～一九四五年までを記した。「一九二七年～一九三二年」「一九三二年～一九三八年」「一九四〇年～一九四五年」の大きな波と「一九三八年～一九四〇年」の小さな波があることがわかる。

「一九二七年～一九三二年」から見てみよう。一九三一年まで順調に増加している。内山完造は

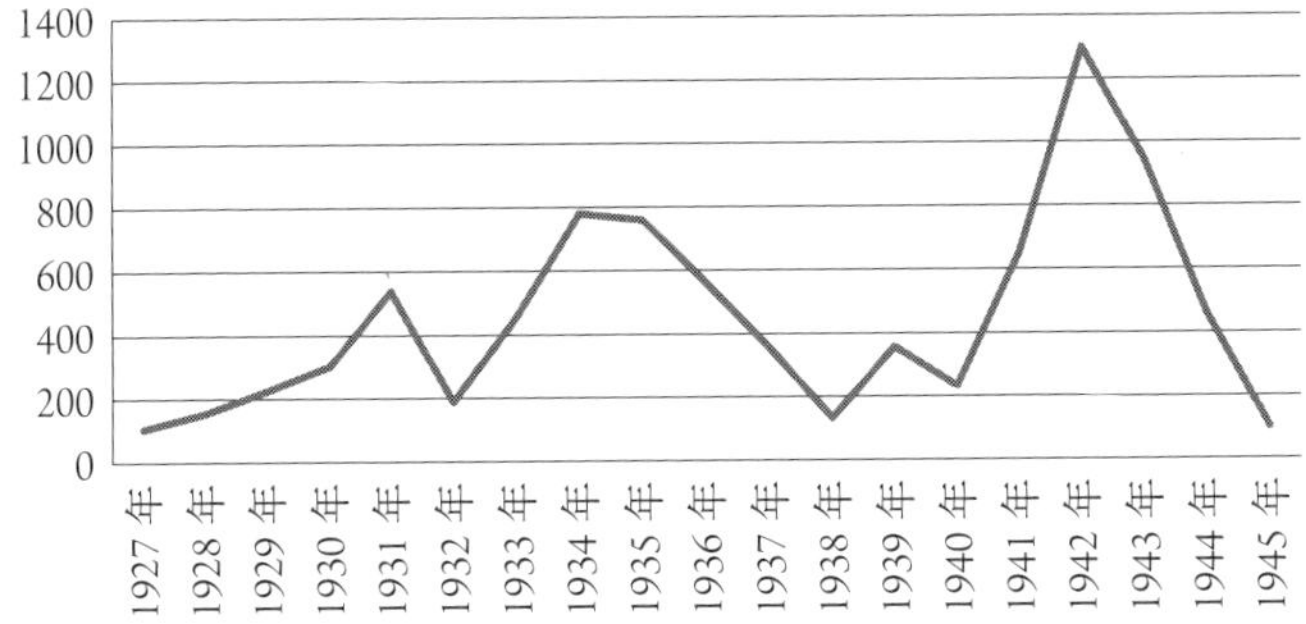

【出典】『申報』（1927 年―1945 年）より酒井作成

図 1.『申報』に於ける「日語」使用数推移（1927 年～ 1945 年）

当時の上海について「日本語の夜学校や教授所が澤山に出来る様になって、また会話書とか文法とかの書物も沢山出た[32]」と回想している。前述したが第一次教育会議における日本語の正課採用や上海へ進出した日本人及び日本企業の急増が要因である。外務省情報部によれば、一九三〇年当時の上海における日本語学習者数は「最小限度六千名以上ニ達スル状況ナリ」とし、その内訳は、個人教授が数百名程度であり、教育機関で学ぶ者は五、七四〇名という[33]。日本語学習者の大部分が教育機関で学んでいることがわかる。尚、教育機関数は三八機関で中国人経営の機関は三三機関であり日本人が経営している機関は三機関、閉鎖中は二機関である[34]。

実は内山も日語学会と名付けた日本語学校を創造社の鄭伯奇と設立しているのである[35]。そして『申報』に「学日文的好機会」と掲載し日語学会の広告を掲載している。内山がこの日本語ブームを実感していた証左である。ただ、内山は一九三一年に設立したというが、一九三〇年一〇月二

写真 2. 日語学会での日本語教室の広告

（『申報』、1930 年 10 月 29 日）

九日の『申報』には「北四川路底内内山書店」と記された日語学会の広告が掲載されている。したがって、日語学会が一九三一年に設立したのは誤りである。(36) 内山は日語学会の特色として「（一）科学的教授法（二）課外講座と演講（三）図書室的設備」と謳っており、充実した日本語学校であったと推測できる。特に図書室は日本語書籍七、〇〇〇冊を有する図書館も併設し大規模なものである。(37)

一九三二年に『申報』上では激減する。三増英夫によれば一九三一年九月の「満洲事変」、一九三二年一月の第一次上海事変勃発が要因であるとし、日本人経営の学校では大量退学した事例があったという。(38) また、内山もこの影響を受け、「日とともに学生達は減って来るばかりでなく、こうした時に経営を継続するのは何ん《ママ》だか無理なように思えて来たので、鄭先生とも相談したところ、一時休んだ方がよかろうとの事で、遂に休校を発表した。それきり日語学会は再起出来なかったのである。

これは私としては実に終生の遺憾とするところである。」と回想し日語学会を解散させている。[39] したがって、「満洲事変」、第一次上海事変直後は日本語ブームが去ったといえる。

次に「一九三二年～一九三八年」を見てみよう。一九三二年から一九三四年まで再び「日語」使用数は急増する。一九三二年に「満洲国」が建国された。前述の一九三四年一二月二八日の『讀賣新聞』で報道されたように「満洲国」で就職をするために日本語を学ぶ者が多く、それだけ日本語学習の意識が高まったと考えられる。また、日中戦争直前に三増英夫は「上海ニ於テモ華北同様日語研究熱ハ抗日ノ風潮著シキニ拘ラス増大ノ勢力ヲ示シツツアリ」と述べている。[40] よって、「満洲事変」、第一次上海事変直後の日本語教育の低迷から再び日本語を学習する者が増加しているといえる。さらに外務省情報部文化事業部は「対日関係ニ関スル認識ノ正確ヲ期スル為、日語ヲ学習シ直接日語書籍ニ就ク。」という分析をしており、日本研究という部分が大きな要因といえる。[41]

しかし、『申報』では一九三四年をピークに減少し一九三八年には底を打つ。「盧溝橋事件」及び第二次上海事変勃発が要因と考えられる。また、一九三四年から一九三六年にかけて上海の日本人数が減少したのも要因であろう。尚、日本軍占領地における日本語教育に対して一九三八年一〇月一五日の「日軍奴化北平教育（上）」等、批判の記事が目立つようになる。上崎孝之助は、その当時三十余の日本語教育施設があるとし「当初ノ流行ヲ追ヒテ経営セラレシ軽薄ナルモノノ淘汰セラレツツアル日本語学習ニシテ始メテ上海ニ於ケル日本語学習ハ漸ク堅実ナル段階ニ入リ来レルモノトイヒベシ」と述べた。[42] 低迷はしているが、堅実な日本語普及の時代に入り将来は明るいという見通しである。しかし、商業大衆紙である『申報』において「日語」使用数が減少し、占領地に対する日本語教育を批判している。上海の中国人の日本語に対する興味が薄れてきたと同時に敬遠しているといえよう。よって、上崎の考えは余りにも楽天的である。しかも、上崎は第一次上海事変以降の日本語普及の落ち込みに対し、日中間の政治問題や抗日テロによるものが要因だとしている。

確かに、一九三五年以降上海では様々な抗日運動が展開されている。例えば、一九三五年一二月一二日に上海の知識人が『救国運動宣言』を発表、同年同月一三日には上海学生救国連合会、同年同月一八日には上海文化界救国会がそれぞれ結成、一九三六年五月二九日、全国学生救国連合会、同年同月三一日には全国各界救国連合会がそれぞれ成立されている。一九三七年には「盧溝橋事件」と、第二次上海事変が勃発し、日中全面戦争となり、一九三八年には租界内で八〇件以上の抗日テロが行われた(43)。ならば、一九三五年から一九三八年までの上海の状況からは日本語ブームは去っていたといえる。

「一九三八年～一九四〇年」を見てみよう。一九三八年に底を打ったものの一九三九年にかけて再び増加し、翌年減少している。前述したが一九三八年三月に成立した「維新政府」は高級小学校から日本語を課したこともあり日本語教育を重視した。これの影響があり『申報』でも一九三九年に向けて「日語」使用数が増加したのであろう。一九三九年七月一七日、傳宗耀上海市長は教育局への公文書の中に「本件は、南匯区区向署が言うには、特務機関南匯班の中下班長の本人の話によると、現に必要に応じ、特別に日本語速成学校を一か所設立し、無料で学生を募集したところ、すでに満員になり、今月の一六日に開校した。校舎はしばらく周浦第七小学校を借り、高田先生に授業を担当していただく。」と記されていることからも、[44]一九三八年から一九三九年にかけて日本語学習の需要が十分にあったといえる。しかし、増加の幅は急増とまで至らない。「維新政府」教育部顧問室は小中学校の児童と生徒の日本語熱は高く将来期待できるとしながら、一般人への日本語普及は十分ではないと述べていることが要因であろう。[45]一九三九年から一九四〇年にかけて減少しているのも一般人が日本語に興味を持っていなかったからであろう。

「一九四〇年～一九四二年」を見てみよう。一九四〇年三月、「中華民国国民政府」が成立する。「中華民国国民政府」は「維新政府」に比べて日本語教育を最重視しなかったにもかかわらず、『申報』の「日語」使用数は一九四〇年から一九四二年にかけて急増する。しかも、この伸びは一九三二年から一九三五年辺りよりも遙かに大きい。一九四〇年の上海在住の日本人数は六五、六二一名であった。一九四二年には九二、六七六名と増加し、一九四三年には一〇三、九六八名のピークを迎える。[46]日本人数が急増することで日本関係の仕事及び日本人と接する機会が増加したと考えられる。上海の特徴である職業キャリアアップのための日本語学習が盛んであったと考えられる。その証左に一九四二年一月二二日の『申報』に掲載された私立容海中学校の広告では「社会に適応した日本語が切に求められている点から」と謳っている。さらに、一九四二年一〇月二七日の同紙では以下のように報じている。

最近、日本語を学ぶ気風が流行っており、一般の大きな機関は、見識を広め、仕事に役立てるため、学問の豊かな人を招き、日本語を教えてもらう。在留の外国人でさえ非常に熱心なため、日本語教師は供給超過の恐れが出ている。（中略）現在、虹口の人力車夫も、日本語で何元、何角、どの道などは流暢に話せるようになっている。

上海在住の外国人にまで日本語学習が普及されていることは注目に値する。日本語教師が不足ではなく、供給超過というのも興味深いが、おそらくにわかごしらえの教師が多くいたのではないだろうか。また、車夫は中国人と考えられるが、多くの日本人を乗せているので日本語で簡単な商売上の遣り取りができるようになったのであろう。こうして日本人と接する末端の者までにも日本語が普及しており、一九三〇年代よりも「一九四〇年～一九四二年」が空前の日本語ブームといえよう。このブームについて上海・東亜同文書院教授の若江得行は以下のように述べている。[47]

当節、又、華人の間に随分日本語熱が高まって来ているから、老胡開文の番頭なぞは、こちらが一寸でも暇な顔でもして見せると、矢継早に根掘り葉掘り日本語に対する質問をするのである。この一番甚だしいのは、大新公司の酒家（＝食堂位の意味）の或るボーイであって、私を日本人と見て、行く度に日本語の発音を教わらうとする。半分はお愛想かも知れぬが、半分はボーイ君自身の将来の地位、又はその他の為に、今の中から一寸でも日本語をやって置こうと云う、悪く云えば、私利の為に発した事なのである。

確かに上海での日本語熱の高さがあったと伺えるが、「悪く云えば、私利の為に発した事」と述べた一言は、支配された側の想いを考慮していない。「私利」の背景には個人の力ではどうにもできない大きな力があり、その下で生きていくための手段が日本語学習であったのである。そこには中国人知識層の日本語学習とは違った面が見られ、この日本語普及の複雑さが見え隠れしている。そして、このブーム到来を冷静に見ていた日本人がいたことを無視してはならない。法制史の研究者で「満州国」の建国大学教授や国立中央図書館籌備処長を歴任した瀧川政次郎である。『申報』の「日語」使用数がピークである一九四二年に瀧川は上海に視察した際、「上海の支那人間に、日本語学習熱が鬱然として起こりつゝある」とし以下のように述べている。[48]

外務省が四川路に開いている、日本近代科学図書館の日本学校は、押すな押すなの盛況で、二部教授を行ひつゝある。併し、これをもつて直ちに上海の支那人、殊に文字をもつ青年層が、日本と協調して、東亜新秩序の建設に邁進しようという傾向になったと、速断してはならない。彼等が今、日本語を知りたいと念願するのは、この車中の支那人の言葉にもある如く、日本語を知らないことによって受ける損失を免れんが為めであり、その上の者といえども、日本語を学んで、大いに利益を得ようという以上には出でない。（中略）いづれにしても支那人の日本語研究熱は結構なことであるが、あんまり喜び過ぎて安易な気持ちになつてはならない。

瀧川は上海の日本語ブームが個人的な利益が大きく関係していることを冷静に見抜いていたといえる。しかし、その瀧川を以てしても「彼等は日本語を学んで、日本への理解を深めゆくに従つて、日本と真に精神的に協調してゆこうという気持ちに向かつてくるであろう。」とも述べている[49]。前述したが、当時の日本では日本語を学び使用することで日本精神を身につけ「大東亜共栄圏」の一員になれるという典型的な精神論があったが、瀧川もこの論の渦中に巻き込まれ、日本語の学習効果の本質を見誤っていたといえよう。

その後、『申報』の「日語」使用数は一九四二年をピークに一九四五年まで激減する。一九四二年のミッドウェー海戦から日本の戦況は悪化し、ついに一九四五年の敗戦となる。戦況の悪化に伴って上海の人々の日本語に対する関心も低下していったのだろう。日本語ブームは「一九四一年〜一九四二年」の僅か一年であったといえる。

日本語活字文化から新知識を学ぶための積極的な日本語学習という側面を持ちながら、上海特有の地政学的な影響が強く、それは政治的意図とは違う側面が顕著に出ており、実利的な傾向も併せ持っている。特に第二次上海事変以降は、日本人を除く上海の人々は、多様かつ自由な想いからの外国語学習は益々困難ではなかっただろうか。「中華民国国民政府」になってから菊沖徳平は自分の学生から「維新政府」下で日本語を学習した理由を以下のように聞いたという[50]。

当時私達の日本語学習の動機は決して今日考へる様な日支親善、新秩序建設等と叫ぶ余裕のあるものではなかった。即ち戦線の真只中に於て、如何にして自己の生命を守るべきか、安全を見出すべきかであって、その最善の方策は日本語習得であった。

悲哀感と同時に自己を守るべき逞しさすら感じる。しかし、実利主義は、批判を許されず実利だけを学ぶしかない植民地主義に通じよう。多くの上海の人々も「中華民国国民政府」になっても上述と同様であろう。また、「日支親善」「新秩序建設」のための日本語教育に対し、「中華民国国民政府」下の学校教育の中国人教師は反発していた。[51] おそらくその数は多かったであろう。その証左に一九四三年には『上海特別市小学教員思想及智力測験』を行うことが決定されたほどである。政治的意図である「日支親善」「新秩序建設」から程遠い実利主義の日本語学習の根は深いといえる。一九三〇年代～一九四〇年代初頭の上海における日本語普及を考えるにあたって、この点を留意する必要があろう。

【注釈】

（1）　内山完造『そんへえ・おおへえ』（岩波書店、一九四九年）七五―七六頁

（2）外務省情報部文化事業部『三増英夫調　中華民国ニ於ケル日本語研究ノ現況（附　日本近代科学図書館論）』（一九三七年）二頁
（3）泉彪之助（編）『魯迅と上海内山書店の思い出』（非売品、一九九六年）二〇頁
（4）菊沖徳平『支那人の日本語研究』（太平出版印刷公司、一九四四年）二〇頁
（5）平塚益徳『近代支那教育文化史』（目黒書店、一九四二年）二五七頁
（6）外務省情報部『密　支那人ノ日本語及日本事情研究状況』（一九三〇年）六〇頁
（7）外務省外交史料館所蔵記録『上海地方ノ日本図書及日本語ニ関スル上崎司書ノ視察報告』（一九三七年三月）、尚、頁は未記入
（8）前掲注(3)書　二〇頁
（9）前掲注(1)書　四六頁
（10）前掲注(3)書　一九頁
（11）拙著『改革開放の申し子たち―そこに日本式教育があった―』（冬至書房、二〇一二年）一六頁
（12）前掲注(6)書　三四頁
（13）前掲注(2)書　六頁
（14）樋口弘『日本の対支投資』（慶應書房、一九四〇年）二三七頁
（15）同上書　二三七頁
（16）上海档案館『日偽上海市政府　上海档案館史料丛編』（档案出版社、一九八六年）五五頁
（17）同上書　五三頁
（18）維新政府教育部顧問室『維新教育概要』（一九四〇年）五頁

(19) 曹必宏・夏軍・沈嵐『日本侵華教育全史』第三巻（人民教育出版社、二〇〇五年）一三三頁
(20) 前掲注(18)書　五五頁
(21) 同上書　三四八頁
(22) 同上書　三四八頁
(23) 前掲注(4)書　三四頁
(24) 費正・李民・張家驥『抗戦時期的偽政権』（河南人民出版社、一九九三年）二五七頁
(25) 同上書　二五七頁、前掲注(19)書　九一頁
(26) 前掲注(19)書　九二頁
(27) 同上書　九二頁
(28) 菊沖徳平「最近中支の日本語教育」『日本語』第1巻第5号（日本語教育振興会、一九四一年）四五頁
(29) 「第六表　上海特務機関管下各級学校日本語普及状況一覧」興亜院華中連絡部『中支ニ於ケル日本語教育ニ関スル調査報告』一九四一年、尚、頁数は未記入
(30) 前掲注(28)書　四五頁
(31) 前掲注(29)書　二頁
(32) 前掲注(1)書　五三頁
(33) 前掲注(6)書　六〇頁
(34) 同上書　六一—六二頁
(35) 前掲注(1)書　五三—五六頁、校長以下、五名の教授がいた。内山完造『花甲録』（岩波書店、一九六〇年）一七二頁によれば教授は日本の大学出が三人と神戸高商出二人である。

(36) 前掲注(1)書　五三一―五六頁。尚、井原市教育委員会・明治百年記念刊行委員会『崑山片玉集』（非売品、一九六九年）二七五頁によれば「昭和六年魯迅に勧められ、書店内で日中両国語を交換教授する〝日語学会〟〝一八芸社〟をつくって」と述べているが、『申報』から検証し設立年は間違いであろう。
(37) 内山完造『花甲録』（岩波書店、一九六〇年）一七二頁
(38) 前掲注(2)書　三頁
(39) 前掲注(37)書　一七二頁
(40) 前掲注(2)書　六頁
(41) 同上書　六頁
(42) 前掲注(7)書　尚、頁は未記入
(43) 高橋信也『魔都上海に生きた女間諜　鄭蘋如の伝説１９１４―１９４０』（平凡社、二〇一一年）一一二頁
(44) 前掲注(16)書　八三八―八三九頁
(45) 前掲注(18)書　三四八頁
(46) 高綱博文『「国際都市」上海のなかの日本人』（研文出版、二〇〇九年）三二頁、尚、同書同頁によれば一九四〇年から一九四三年の上海在住の日本人数は、一九四〇年：六五、六二一名、一九四一年：八七、二七七名、一九四二年：九二、六七六名、一九四三年：一〇三、九六八名である。
(47) 若江得行『上海生活』（大日本雄弁会講談社、一九四二年）二六頁
(48) 瀧川政次郎『法史零編』（五星書林、一九四三年）三〇四―三〇五頁

（49）同上書　三〇五頁
（50）前掲注（4）書　三〇頁
（51）前掲注（29）書　四頁

第三章　八路軍の日本語重視戦略

1．「日中戦争」と第二次国共合作

「満洲国」樹立以降、日本は一九三五年から中国本土への南下を開始した。当初、日本は親日的な華北五省独立政権を樹立しようとしたが、完全に成功したとはいえなかった。経済進出も目論んだが、かえって日貨ボイコット等の排日運動によって両国の貿易は縮小していった[1]。当時、宋哲元が率いる華北にある「冀察政務委員会」は、南京政府の直接統制には服していなかった。日本の支那駐屯軍部隊は宋哲元と経済開発について交渉が進められていた。しかし、国民党及び中国共産党（以下、中共）の特務機関の工作によって第二九軍の下級将校や兵士間には抗日意識が醸成されており、日本の支那駐屯軍部隊[2]と紛争がしばしば起こり、この経済開発の交渉も上手くいかなかった。日本側には武力によって打開しようとする動きもあり、北平周辺は不穏な空気が流れていたのであった。そして、ついに一九三七年七月七日、盧溝橋付近の龍王廟の銃声を機に「日中戦争」の火ぶたが切られた。言うまでもないが、これが所謂「盧溝橋事件」である。秦郁彦も指摘しているが、「日中戦争」の特異性は、八年間も無通告戦争を続けたこと、軍事作戦のサイクルが初期の二年間に終結した後は戦闘と政治工作と内戦が間欠的に交錯する奇妙な半戦争であったこと、軍事面の静態的推移に比して、交戦両国内部における政治社会体制の動態的変化が著しかったことを挙げている。(3) まさに、このはっきりしない奇妙な交戦が今日の日中関係を複雑にしている要因の一つとなっているのではないだろうか。そして、奇妙な交戦は「盧溝橋事件」から始まっているのである。

「盧溝橋事件」勃発後、同月一一日には現地で停戦協定が成立した。しかし、両軍は八宝山東西の線で対峙していた。両軍陣営の中間地点で、時には両軍陣地で爆竹を上げたり、射撃音を発したりして双方の衝突を挑発した者があったという。(4) これについて、一九三八年六月二八日~七月八日の『東京朝日新聞』で特集された「盧溝橋事件一周年回顧座談会」において北平特務機関員の寺平忠輔大尉は、日中双方でこの原因を探り、その結果両軍の中間にある地区が策源地となっていることが判明し、中共の策動であったらしいという。また、秦郁彦が茂川秀和少佐（終戦時、大佐）から聞き取った話では、茂川は「盧溝橋事件」当時は強硬派であり、両軍の衝突を拡大するために部下を使って爆竹を鳴らしたが、他にも同じような陰謀をやっている者がありこれは中共であろうと証言している。(5) 当時の南京駐在武官である大城戸三治中将によれば、中国側の参謀次長である熊斌も事件の調査を行っており、その結果、中共の陰謀の疑いが濃いという結論になったという。(6) ただ、これらの策動について決定的な証拠資料がなく、日中両国の強硬派の陰謀があったかどうか結論を下すことはできない。

蒋介石は、「満洲事変」以降、日本との武力衝突を避ける策をとっており、何とか国民党内の対日強硬派を抑えていた。しかし、その姿勢が対日不抵抗と批判され、国民党内での対日開戦派の力が強くなり、統制が極めて困難になった。そこで、一九三七年七月一九日、蒋は「我々は弱国であり『最後の関頭』に臨んだからには、国家の生存を求めて全民族の生命を投げ出さなければならない。もはや我々は途中で妥協することは許されず、妥協することはすなわち完全投降、完全滅亡を意味することを知るべきである。」と訴えたのであった。[7]これが所謂「最後の関頭」であり、日本語では「瀬戸際」の意に近い。ただ、蒋はできる限り日本との和平交渉に尽力することも留保しているものの、「領土の完整・主権の保全」「冀察政府に対する中央統制の不可侵」「地方官憲に対する中央政府人事権の確保」「第二九軍の現駐屯区域に対する制限の拒否」の四項目の条件を掲げた。[8]これは同月一一日に成立した停戦協定を原則的に否認するものであった。

同年一二月、日本は南京を陥落させ、勝利を確信した。翌年の一月、第一次近衛内閣は蒋介石率いる国民政府に対し所謂第一次近衛声明である『国民政府を対手とせず』を発表した。この声明では「帝国政府は爾後国民政府を対手とせず帝国と真に提携するに足る新興支那政権の成立発展を期待し是と両国国交を調整して更生新支那の建設に協力せんとす。」と述べた。[9]そして、「華を以て華を制する」という方針で、華北を支配に置く「中華民国臨時政府」、華中に「中華民国維新政府」、内蒙古に「蒙古連合自治政府」、南京に汪精衛の「中華民国国民政府」等、「対日協力政権」を次々に設立させた。再説するがこの後、日本は「東亜新秩序」を打ち出し、一九四〇年以降は拡大解釈した「大東亜共栄圏」構築を目指すこととなったのである。

無視してならないのは、当時の中国国内では内戦が繰り広げられており、日本軍の攻勢に全中国が一致団結で戦える状態ではなかった点である。一九二七年四月、蒋介石が起こした「四・一二クーデター」により、国民党の中央組織は武漢、南京、上海の三系統に分裂し、国民政府も従来からの左派各派中心の武漢政府と蒋介石が樹立した南京政府に分裂し激しく対立していた。また、中共もこのクーデターにより弾圧され都市部の組織は崩壊となり、ここに第一次国共合作が消滅した。その後、中共は同年八月に独自の軍隊である紅軍を結成し、国民党と国民政府に対し武装決起に踏み切り、各地に「ソビエト」を設立させていった。つまり、中国は一〇年間も国民党、国民政府、中共・ソビエト政権の内戦状態が継続されていたのであった。

実は「満洲事変」以降、中国国内では既に「内戦停止、一致抗日」の世論が高まっていた。特に一九三五年の梅津＝何応欽、土居原＝秦徳純協定の締結、冀東自治政府の樹立と華北特殊化を日本は中国に要求したことが全中国の抗日世論を沸騰させた。同年後半頃から抗日運動は組織的かつ全国的に拡大していった。

同年九月には上海で抗日救国大同盟が成立し、一二月には北京で冀察政務委員会成立反対の「十二・九学生デモ」が起こった。このデモは毛沢東が「五・四運動」と並ぶ画期的事項と評価しているほどであり、中国全土の「内戦停止、一致抗日」の世論を盛り上げる大きな転換期となった(10)。中共と国民党は密かに和平交渉を行ったが、すぐに妥結せず、内戦状態は続いた。一九三六年五月から六月にかけて全国各界救国連合会及び全国学生救国連合会という二大統一団体が成立し、失地回復・内戦停止・抗日救国等の綱領を掲げ、活発な大衆宣伝・工作を開始した[11]。同年一一月の綏遠事件を契機に、広範な援綏運動が起こった。その後、抗日救国会の支援下に上海・青島の日系紡績会社の労働者がストライキを行い、天津・漢口まで及び、青島では日本海軍陸戦隊が上陸してしまった。これらの運動、特に学生運動には共産系のものが多いことから、国民党政府は新聞統制をし、綏遠事件に対しても批判記事の制限をした。そして、沈鈞儒らの所謂「抗日七君子」を逮捕した。蒋介石は中共討伐を第一とし、張学良の国民党東北軍と馮玉祥系の西北軍を派遣し、第六次中共包囲作戦を進めた。しかし、この作戦は直系の中央軍を温存し、東北軍・西北軍と中共軍の双方を消耗させる策略もあり、東北軍・西北軍内には強い不満があった。中共側はこの不満を見逃さなかった。張学良と西北軍司令であり一七路軍の楊虎城に統一戦線結成を呼びかけ、東北軍・西北軍と中共軍の両軍は戦闘を停止した。

張学良は蒋介石に対し内戦停止と抗日政策を説いたが、逆に中共討伐を強要された。一九三六年一二月一二日、国民党東北軍の張学良と一七路軍の楊虎城は西安郊外に滞在中の蒋介石を逮捕・監禁し、「内戦停止、一致抗日」と政治犯釈放等を要求した。これが「西安事変」である。中共の周恩来が調停・説得を行い蒋介石は「内戦停止、一致抗日」を口頭で約束し、同年同月二四日、蒋介石は釈放され平和的に解決となった。これを契機に国共両党は中共の駐西安代表処の設置や中共軍の国民革命軍編入の協議に入った。「盧溝橋事件」勃発後、全国一致の抗日態勢確立の声がさらに大きくなった。中共もその翌日に「全中国の同胞たちよ、華北危うし、中華民族危うし」とし「国共両党が親密に合作し日本軍の新たな進攻に抵抗せよ」という旨の全面抗戦を呼びかける通電を発した。[12]

一九三七年七月九日、中共は人民抗日紅軍の名義で蔣介石を始めとする国民政府に「願わくは改編し国民革命軍になり、抗日の前駆の大命を受け日本軍と決死の戦いを行いたい」という旨の通電を発した。[13] 蔣介石はためらっていたが、同年八月一三日、日本軍が上海侵攻を開始し、全面戦争が避けられなくなったことから、同年同月二二日、ついに中共の紅軍を国民革命軍第八路軍（同年九月から第一八集団軍と改称、以下、八路軍）に改編することを公布した。中共は同年同月二五日に、所謂「洛川会議」で『抗日救国十大綱領』を提起した。その要点は以下の通りである。[14]

（一）日本帝国主義の打倒
（二）全国の軍事的総動員
（三）全国人民の総動員
（四）政治機構の改革
（五）抗日の外交政策
（六）戦時の財政経済政策

（七）人民生活の改善
（八）抗日の教育政策
（九）漢奸・売国奴・親日派の粛清による後方の強化
（十）抗日の民族団結

毛沢東は『抗日救国十大綱領』が極めて重要な意義があると考え、「当面は国共の両党の違いを極力、はっきりさせなければならない。十大綱領を提起したのは、国民党の単純抗戦と区別させることである」と述べた[15]。そして、持久戦と遊撃戦を基本的な戦略とした。

ここで留意すべき点は、八路軍は国民革命軍の正規軍ではあるが、指揮権は蔣介石側でなく中共側であった。つまり、八路軍は独自性を保ち、国民党政府にとって友軍であったのである。同年九月二二日、第二次国共合作が成立し、中共は国民党と協力関係を築き、「内戦停止、一致抗日」の下、共に日本と戦うこととなる。

2. 平型関の戦闘とその限界

紅軍から改編された八路軍は一九三七年八月末から陝西省三原に集結した。同年九月中旬、第一一五師（林彪師長）と第一二〇師（賀龍師長）は国民党軍に呼応する形で山西省北部の戦線に到着し、日本軍への反撃に備えた。八路軍総司令の朱徳、副総司令の彭徳懐の指示に基づき、第一一五師の三個連隊は平型関の東北公路両側の山地で潜伏し、同月二五日、板垣征四郎率いる日本軍の精鋭第五師団第二一旅団が入ってきたところを襲いかかった。破竹の勢いの日本軍であったが、全くの無警戒であり、なす術がなかった。中国側の記録によれば、日本軍の死者千余人、破壊した自動車百余台、馬車二百余両、捕獲した小銃千余丁、機関銃二十余丁、火砲一門、馬五十余匹、その他大量の軍事物資であった。第一一五師の死傷者は千余人であったという(16)。

この平型関の戦闘の勝利は連戦連敗を重ねていた中国民衆にとって初めて日本軍に対し一矢を報いたことであり、大きな朗報であった。そして、中共側も大勝利を収めたことを大々的に宣伝をし、新聞でもトップニュースとなった。同年同月二六日には蔣介石が「二五日の一戦は敵を殲滅させた。命令を遵守した官兵は称賛に価する。いっそう部隊を励まし努力しつづけることを期待する」と八路軍総司令部に電報を打った(17)。他にも、上海の救亡国協会やパリで発行されている『救国時報』からも祝電が届いたのであった。

記録の数字に対する検討はここではしないものの、日本側の視点ではこの戦果が誇大された内容であることは否めない。日本側の記録では八路軍が殲滅した日本軍将兵の数は、輜重・自動車隊約二八三名、阻止した救援部隊は約一、〇〇〇名であり、実際に殲滅した日本軍は二〇〇名余りで、このほか各種車両一四〇両余りを償却したのみであった(18)。日本軍の威信を守るためにこのような数字をした可能性もある。

さて、平型関の戦闘の勝利を大々的に宣伝した八路軍ではあったが、彼ら自身は冷静にこの戦闘を分析していた。この戦闘直後、八路軍総司令官の朱徳は英国人記者ジェームズ・バートラムの取材に対し、「我々の兵は日本語を話せないので、降伏しない日本兵をプロパガンダによってその気にさせることができなかった。我々はこれについて大変遺憾に思っている。今後、我々は特に捕虜に対し我々の方針の説明に力を入れて取り組む」と述べている。[19] 日本語の問題から日本兵を投降させる説得を試みたが捕虜を一人も獲得できなかったのである。

八路軍側が行ったこの戦闘の分析結果を見てみよう。実は大本営陸軍部研究班の資料『無形戦力思想関係資料第二号　支那事変ニ於ケル支那側思想工作ノ状況』の中に八路軍が行った分析の結果を入手し翻訳されているものがある。その中の「支那共産軍ガ対日本軍思想工作ノ為ニ作製セル文献ノ翻訳」によれば以下のように分析している。[20]

平型関戦闘開始前我ガ軍ハ敵ノ捕虜数千余ヲ得ル自信ヲ有スルモ一度開戦スルヤ敵兵ハ意外ニ頑強ニシテ我ガ軍包囲下ニ後方ハ中断サレ我ガ軍ハ山頂ヲ占領シ有利ナル地位ヲ占メ国内戦ノ経験ニ基キ大声ニテ「我ガ軍ハ諸君等ヲ打タズ」ト呼ビ掛ケタルモ言語不通ニテ捕虜トナルヲ恐レ頑強ニ抵抗シ多数ノ負傷兵ヲ出セリ是ニ於テ吾衛生兵ハ治療ヲ施サント近寄リ却ツテ負傷兵ノ為殺害セラレ又収容セル負傷兵モ言語不通ノ為不安ヲ感ジ自殺セリ

八路軍は勝利を確信し戦闘に臨んでおり、捕虜を千余人も獲得できる自信があったにもかかわらず、日本兵の想像以上の抵抗によりそれができなかったのである。また、「平型関ニ於テ我ガ軍ノ得タル経験ハ敵ノ下士兵ハ非常ニ頑強ナルコトナリ」と分析している。[21]

何よりも言語の問題は大きかった。前述の朱徳も日本語の問題を挙げているが、彼は平型関の戦闘の際、日本軍に対し反戦と投降を呼びかける『八路軍告日本士兵書』を作成していた。これは「中国軍は日本兵を一人も殺しはしない。武装解除さえすれば、ただちにその兵士を優待し当人が送還を望むならその者を送還させるし、中国の軍隊内で仕事をしたいと望むなら仕事を与えるであろう」という旨のものだ。[22] 実は、米国側もこれに注目し、米中共の本山である延安に軍事視察団を派遣した。視察団が作成した『延安リポート』によれば平型関の戦いについて以下のように報告している。[23]

一九三七年秋の山西省北東部での有名な平型関の戦いでは、心理作戦が試みられた。ある日本軍の部隊が包囲された。その後、政治工作と兵士が日本軍に近づいて、「武器を捨てよ！降伏せよ！我々は危害を加えない」と叫んだ。これは全部中国語でなされた。私にこの出来事を語った李発梨は、そのような戦術やスローガンは国民政府軍を包囲したときにいつも使ったものだと悲しげに笑った。しかしこの時は、武器を奪い、予定通り捕虜をつかまえようとしたところ、日本兵たちは発砲し、八路軍の軍隊をほとんど皆殺しにした。

当然、中国語で伝えても日本兵は理解できないのは明白である。それどころか、逆に攻撃を加えられ多くの犠牲者を出してしまうのであった。結果的には一人も捕虜にできなかったのである。[24]八路軍は日本兵の中国語能力が高いと考えていたのであろうか。全く日本を理解しておらず、不可思議なことであるといっても過言ではない。

前述通り日本兵の抵抗は八路軍にとって想像以上のものであった。その要因の一つに、有名な『戦陣訓』があった。一九四一年一月八日に当時の陸軍大臣である東條英機の名で「陸訓第一号」として示達せられたものである。教育総監部で起草され、文化人の島崎藤村や土井晩翠も作成に参加した。全体の構成は「序文」があり、「本訓其の一」には軍紀、攻撃精神、必勝の信念等、「本訓其の二」には敬神、孝道、戦友道、死生観等、「本訓其の三」には戦陣の戒、先陣の嗜みがあり、最後の「結び」まで、合計約三千字から成り立っている。

『戦陣訓』の中で最も有名なのが、「本訓其の二」の「第八　名を惜しむ」にある「生きて虜囚の辱めを受けず、死して罪禍の汚名を残すこと勿れ」の部分である。[25]捕虜になることを禁じると明文化されたのであった。この文章の前に「恥を知る者は強し。常に郷党家門の面目を思い、愈々奮励して其の期待に答うべし。[26]」と記されており、「家」の恥という論理、つまり捕虜となった本人だけでなく、それを生み出した「家」全体の恥という構図にした。もちろん、所属部隊の恥になることは言うまでもない。集団の中にいれば精神的に呪縛できる可能性はある。陸軍中将の岡本寧次は「『天皇陛下万歳』を叫ぶ心」と題して、この「第八　名を惜しむ」について、「軍人として、絶えず念頭に置くべき」とし「『名を惜しむ』の項を冒涜するようなことは起こらぬでありましょう」と述べている[27]。

当時のメディアも『戦陣訓』を華々しく取り上げ、キャンペーンを行った。数々の解説書が出版され、東條の朗読レコードや「戦陣訓の歌」もリリースされたほどである。一九四一年に出版された『解説　戦陣訓』（東京日日新聞・大阪毎日新聞）の主幹である高田元三郎は、軍人だけでなく「一般国民にとっても、行くべき大道を示した『国民訓』であると思います」と述べているほどである[28]。徴兵される前の段階で『戦陣訓』は日本国民にそれ相応の影響力があったといえよう。

中国側から見れば、この『戦陣訓』で教育された日本兵は士気が高く、これも捕虜拒否の大きな要因であった。例えば、重傷の日本兵を収容しようと八路軍の小隊長が背負ってやると、かみついて耳たぶを食いちぎったという[29]。八路軍は日本語の問題だけでなく、日本軍の実態を喫緊に把握しなければならなかった。特に『戦陣訓』の呪縛が施されなかった心情を知る必要があった。

その後、八路軍は以下のように決定した[30]。

（前略）我ガ軍ニ於テ敵ノ日記手紙等多数押収シ其ノ内容ヲ調査シタルニ何レモ家ヲ思イ妻ヲ想イ死ヲ恐レ積極交戦ノ精神ナク国家ノ法令ニ圧迫セラレ出征セル者ノミナリキ依ッテ吾人ハ平型関戦後各部隊ニ通達シ捕虜ニ対シテハ日本語ヲ以テ話シ危害ヲ加ヘズ優待スベク命ゼリ

押収物を読み解き、日本兵も死を恐れる人間の普遍的な心情を有しており、『戦陣訓』の呪縛を解くことができると分析している。

3．日本語教育の進軍ラッパ―毛沢東の日本語戦略―

八路軍が上述のことを決定する前に第一一五師の師長の林彪の動きはさらに早かった。戦闘直後に第一一五師の兵士に対し日本語と敵軍工作の方法を学ぶよう命じた[31]。また、一九三七年一〇月六日、八路軍総政治部は日本語でプロパガンダのための宣伝隊を設け日本軍と接近した時に日本語で呼びかける人材育成の必要性を認め、そのために日本語スローガンが書け、簡単な日本語で問答が可能にすることとした[32]。さらに、同年同月二三日には師（師団）から中隊に至るまで全ての八路軍の部隊に対し日本語を話せる幹部の育成と日本軍の文書収集を命じた[33]。ここに日本語が戦略上重要なものになったのである。そして、以下の基本的な指示を発した[34]。

一　全ての軍隊に敵軍工作の重要性と方法を教えなければならない。

二　工作に大衆的基盤を持たせるために、人民にその重要性を教え、それへの参加を奨励しなければならない。

三　日本軍の宣伝工作を暴露し、戦争の本質を日本兵に知らせなければならない。日本兵の厭戦気分や反戦感情を高揚させなければならない。敵軍に〝出口〟を提供し、自分の国の侵略戦争に反対するよう説得しなければならない。

四　八路軍全体が日本語のスローガンを習得しなければならない。

五　捕虜は処刑するのではなく、優遇しなければならない。

六　敵軍工作組織がさまざまな舞台に確立されなければならない。

七　新しい幹部を養成しなければならない。

毛沢東も戦略的に日本語が重要であることを理解していた。翌年一〇月一二日〜一四日に開催された中共六期拡大六中全会において毛沢東は日本語教育について以下の任務を重視するよう述べた[35]。

政府は全抗日軍隊・遊撃隊の全将校・兵士に、必要な数と適当な内容の日本語を一律学習するよう命じ、また日本語教員を高級政治部で準備し、各部隊に派遣して日本語教育を行い、数語の日本語を話す程度から、日本軍の将校・兵士に一篇の道理を説くことができる程度まで教え、全抗日の将校・兵士が敵軍の全兵士と下級将校に口頭宣伝するよう教育し、同時に、文字・絵画による宣伝でこれを補い、日本軍の将校・兵士を漸次に感化して、彼らが共同の反侵略統一戦線の樹立に同意するよう要求し、百万余の日本侵略軍を我々の友軍に変え、中国から退出し日本ファシストを打倒するようにさせること。

写真 3. 日中戦争時の毛沢東（右）と朱徳（左）

大森実『戦後秘史 3　祖国革命工作』（講談社、1975 年）

前年の時点では日本語教育はあくまでもプロパガンダによる捕虜獲得と情報収集が目的であった。しかし、毛沢東は全ての抗日の将兵に対し日本語教育を行い、しかも幅広いレベルの日本語能力を有した人材を養成しようとしたのである。また、日本語教員の育成にも言及している。さらに、日本語を修得することで日本軍の将兵を友軍にさせ、最終的には彼らが日本の帝国主義を打倒させることまでも視野に入れていたのである。たかが日本語一つでここまでの壮大な計画をしていたことは注目に値する。

では、敵である日本軍の将校・兵士に対し暴力的に接するのではなく、日本語で話し言い聞かせるその背景は一体何であろうか。一九三八年、毛沢東は米国の新聞記者エドガー・スノウに対し日本軍の将兵について「われわれは彼らを殺しません。彼らにたいする態度は兄弟的です。[36]」と述べているが、中国将兵の中には親兄弟、友人、恋人を殺した日本兵に言い切れぬ憎悪を抱えているはずである。戦場で出会った敵に対しこのようなことができるのは至難の技であろう。実は中共の思想に着目する必要がある。それは、日本軍の兵士一般と日本政府・軍の指導者を区別するということである。毛沢東は同年五月の「持久戦」において中国が日本帝国主義に打ち勝つ条件として、「中国の抗日民族統一戦線の完成」「国際的な抗日統一戦線の完成」「日本国内の人民および日本の植民地人民の革命運動の興隆」という三つの条件を挙げ、「日本の支配者達の侵略戦争が失敗し、日本の人民革命が引き起こされる可能性がある。日本人民の革命勝利の日こそが日本が改造される時である」と述べた[37]。つまり、戦争に駆り出された日本人の一般庶民は戦争の被害者であり、加害責任者は日本政府と軍国主義者であるから、前者はあくまでも中共の同志であり味方であるというものであった。これが所謂「区別論」である。この「区別論」に依拠して日本軍兵士を説得し投降させ日本兵捕虜を反ファッショ・戦争を教育するのであった。日本軍の兵士一般と日本政府・軍の指導者を区別することは中共が日本軍と戦う上で重要な抗日戦略であったのだ。そして、これを実施する中で何よりも日本語の修得は喫緊の課題であり最も重要なことであった。一九三八年の中共六期拡大六中全会における毛沢東の日本語重視戦略は、まさに中共が本格的な日本語教育の進軍ラッパの号令を下したといえる。

中共六期拡大六中全会の翌年一月、毛沢東は早くも「兵士と幹部に対し日文日語の教授を普遍的に実施し、並びに様々の方法を研究し、敵の兵士及び下級将兵向けの反侵略統一戦線の宣伝は、まだ非常に不十分である」と苦言を呈した[38]。中共六期拡大六中全会から一年も経たないにもかかわらず、早急な戦場での効果を求めており、そのためには日本語教育の重要性を改めて訴えているので

ある。そして、同年二月、八路軍は具体的に日本語によるプロパガンダ工作について以下のように決定した。(39)

前線での呼びかけは対敵宣伝の一つの方式であると同時に、対敵宣伝の最も良い機会である。敵我の間に言語の違いがあり、全ての戦士が日本語で対敵宣伝を行うことも不可能である。よって、七句から十句程度最も重要で意味の広いスローガン（前述した対敵軍宣伝の中心内容で示したように、敵軍が動揺する時に、怖がらずにこちらに来ることを歓迎する）を選定し、皆に身につけさせ、熟練させ、作戦の時、敵に向かって呼びかけるべきである。

全ての兵士が、高度な日本語能力を習得することが不可能であると冷静に分析している。だからこそ短期に学ぶことができる日本語の短いスローガン教育が必要であったのである。詳細は後述するが、この日本語スローガンは、戦場で大きな効果を上げていくのであった。

【注釈】

（1）　秦郁彦『日中戦争史』（河出書房、一九六一年）一六二頁

（2）支那駐屯軍部隊は、一九〇一年の北清事変最終議定書に定められて駐屯していた。その任務は公館及び北京と海港に至る交通通信の確保並に居留民の保護であった。
（3）前掲注（1）書　一八六頁
（4）同上書　二〇八頁
（5）同上書　二〇九頁
（6）同上書　二〇九頁
（7）秦孝儀総編纂『総統蒋公大事長編初稿』（一九七八年）八〇頁
（8）前掲注（1）書　二一五頁
（9）近衛文麿著、厚地盛茂編『近衛首相演述集　その二』（一九三九年）四頁
（10）宍戸寛・内田知行他『中国八路軍、新四軍史』（河出書房新社、一九八九年）九頁
（11）前掲注（1）書　一二一頁
（12）「中国共産党為日軍進攻盧溝橋通電」中央档案館編『中共中央文件選集』第一一冊（中共中央党校出版社一九九一年）二七五頁
（13）同上書「人民抗日紅軍要求改編為国民革命軍並請授命為抗日前駆的通電」二七五頁
（14）劉大年・白介夫編、曽田三郎他訳『中国抗日戦争史』（桜井書店、二〇〇二年）五二一―五三三頁
（15）金冲及主編、村田忠禧訳『毛沢東』（みすず書房、二〇〇〇年）四三五頁
（16）王秀鑫・郭徳宏著、石島紀之監訳『抗日戦争史』翻訳刊行会訳『中華民族抗日戦争史』（八朔社、二〇一二年）一八三頁
（17）同上書　一八三頁
（18）謝幼田著、坂井臣之助訳『抗日戦争中、中国共産党は何をしていたか　覆い隠された歴史の真

実』（草思社、二〇〇六年）八七頁
（19）James Bertram, *North China front*. London: MacMillan, 1939, p.256.
（20）（JACAR Ref.C11110754900）「附録　其ノ二　支那共産軍ノ対日本軍思想工作要領」（大本営陸軍部研究班『無形戦力思想関係資料第二号　支那事変ニ於ケル支那側思想工作ノ状況』一九四〇年）第〇三九九画像—第〇四〇〇画像
（21）同上書　第〇三九九画像
（22）前掲注（12）書「八路軍告日本士兵書」三五五—三五七頁
（23）山本武利編訳『延安レポート　アメリカ戦時情報局の対日軍事工作』（岩波書店、二〇〇六年）三八頁
（24）同上書　六四一頁
（25）『戦陣訓』（兵書出版社、一九四一年）一九頁
（26）『戦陣訓』（兵書出版社、一九四一年）一九頁
（27）『解説　戦陣訓』（東京日日新聞・大阪毎日新聞、一九四一年）一〇八頁—一〇九頁
（28）高田元三郎「序」『解説　戦陣訓』（東京日日新聞・大阪毎日新聞、一九四一年）頁数未記入
（29）宍戸寛他『中国八路軍、新四軍史』（河出書房新社、一九八九年）二八頁
（30）前掲注（20）書　第〇三八二画像
（31）前掲注（23）書　六四一頁
（32）「八路軍政治部関于開展日軍政治工作的指示」（中国人民解放軍歴史資料従書編審委員『八路軍文献』解放軍出版社、一九九四年）六一一—六一二頁
（33）前掲注（23）書　六四一頁

(34) 同上書　六四一頁
(35) 毛沢東『論新階段』（華社、一九三九年）六二一頁
(36) 王広涛「中国の対日戦争責任区別論と賠償政策」（『法政論集』二六一号、二〇一五年）二七二頁
(37) 『毛沢東選集』第二巻（人民出版社、一九九一年）四四三頁、四五七頁。馬場公彦『戦後の日本人の中国像』（新曜社、二〇一〇年）三二六頁によれば「区別論」の起源は毛沢東の『持久戦論』であるという。
(38) 毛沢東「発刊辞」（国民革命軍第八路軍政雑誌社編『八路軍政雑誌』一九三九年一月一五日）五頁
(39) 蕭向栄「部隊中的宣伝鼓動工作」（国民革命軍第八路軍政雑誌社編『八路軍軍政雑誌』第2号、一九三九年二月一五日）三三頁

第四章　八路軍敵軍工作訓練隊

1．敵軍工作訓練隊設立へ

毛沢東の鳴らした日本語教育進軍ラッパは壮大な計画を有していた。八路軍は全軍を挙げて日本語教育を行おうとしたが、当初は上手くいかなかったようである。これについて八路軍は以下のように対応するしかなかった[1]。

我ガ軍ノ日語教官ハ不足ヲ感ジ兵員ノ日語教育モ亦不徹底ナリ
故ニ我ガ軍ハ小型「パス」通行証ヲ戦地ニ撒布シ或ハ捕虜ニ與フ此ノ通行証ハ両面刷トシテ一面ニハ朱指令ノ捕虜優待命令ヲ、又一面ニハ激励句並ニ敵軍下士兵歓迎ヲ印刷シ（後略）

つまり、日本語教官の不足から日本語教育が思うような効果は上がらなかったのである。そこで、苦肉の策として、朱徳総司令官と彭徳懐副総司令官の連名で両面に日本語と中国語で書かれた投降

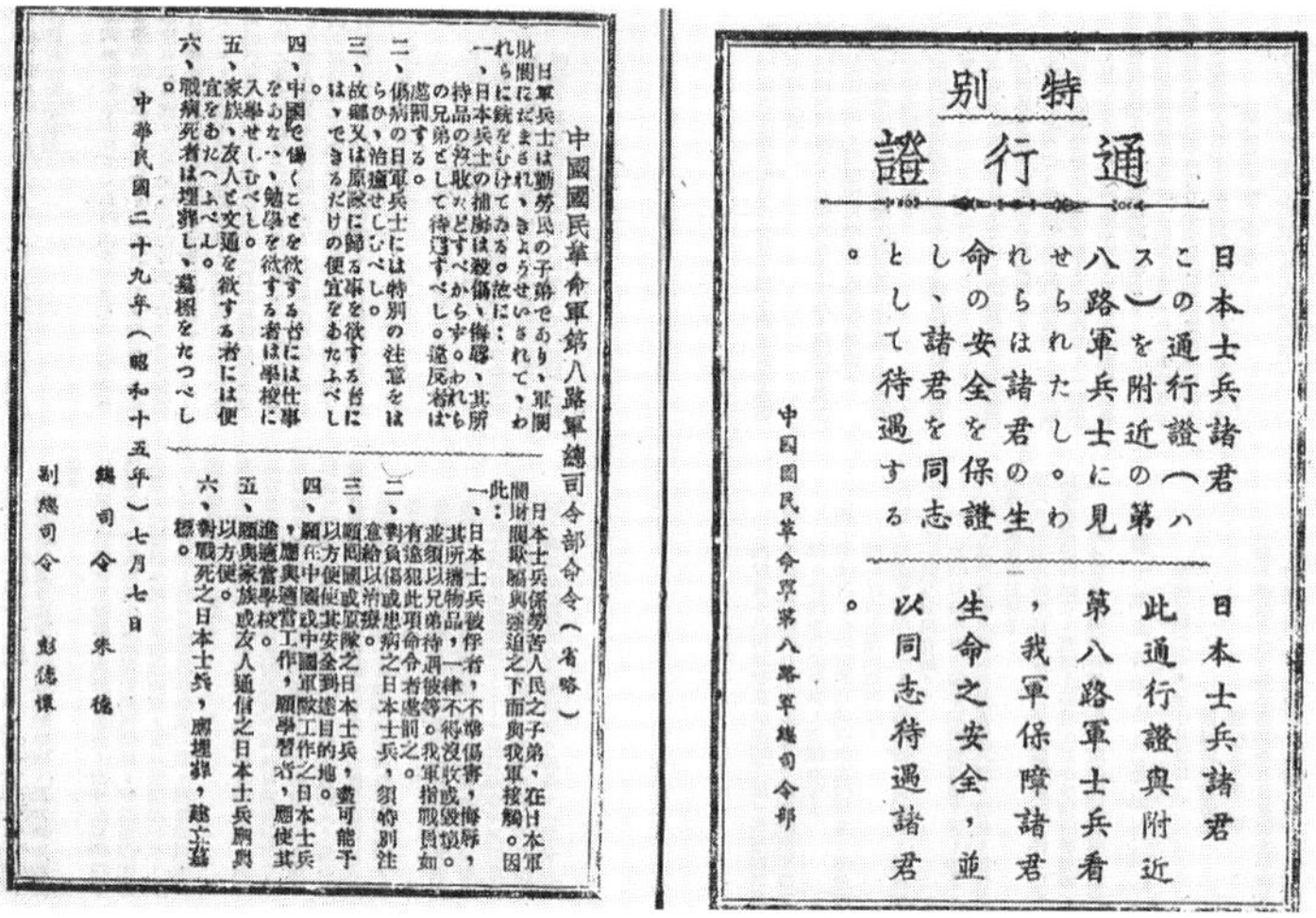

中國國民革命軍第八路軍總司令部命令（省略）

日軍兵士は勤勞民の子弟であり、軍閥財閥にだまされ、きようせいされて、われらに銃をむけてゐる。故に：

一、日本兵士の捕虜は殺傷、侮辱、其所持品の沒收などすべからず。われらの兄弟として待遇すべし。逃亡者ば處罰する。

二、傷病の日軍兵士には特別の注意をはらひ、治癒せしむべし。

三、故郷又は原隊に歸る事を欲する者には、できるだけの便宜をあたふべし。

四、中國で働くことを欲する者には仕事をあたへ、勉學を欲する者は學校に入學せしむべし。

五、家族、友人と文通を欲する者には便宜をあたへふべし。

六、戰病死者は埋葬し、墓標をたつべし。

日本士兵係勞苦人民之子弟，在日本軍閥財閥欺騙與強迫之下而與我軍接觸。因此：

一、日本士兵被俘者，不準傷害，侮辱，其所攜物品，一律不得沒收或毀壞，並須以兄弟待遇彼等。我軍指戰員如有違犯此項命令者處罰之。

二、對負傷或患病之日本士兵，須特別注意給以治療。

三、願回國或原隊之日本士兵，盡可能予以方便使其安全到達目的地。

四、願在中國或中國軍隊工作之日本士兵，應與適當工作，願學習者，應使其進適當學校。

五、願與家族或友人通信之日本士兵，與以方便。

六、對戰死之日本士兵，應埋葬，建立墓標。

中華民國二十九年（昭和十五年）七月七日

總司令 朱德

副總司令 彭德懷

特別通行證

日本士兵諸君

この通行證（ハス）を附近の第八路軍兵士に見せられたし。われらは諸君の生命の安全を保證し、諸君を同志として待遇する。

中國國民革命軍第八路軍總司令部

日本士兵諸君

此通行證與附近第八路軍士兵看，我軍保障諸君生命之安全，並以同志待遇諸君。

【出典】『八路軍敵軍軍政雑誌』第二巻第八期（国民革命軍第十《ママ》八集団（八路軍）政治部、1940年）52–53頁

図 2. 日本兵士に流布された特別通行証

する日本兵のための安全を保証する通行証と八路軍兵士に対する捕虜優待の命令書を前線で流布したというわけである。それが図2のものである。八路軍によればこの通行証の効果について以下のように述べている(2)。

此ノ通行証ノ効果ハ既ニ相当ノ効果ヲ収メ、○○地方ノ敵下士兵ハ之ガ通行証ヲ入手シ農民ニ質問セルヲ以テ農民ハ第八路軍ノ内情ノ一端ヲ告ゲタルニ敵下士兵ハ好奇心ヲ起シ八路軍ニ興味ヲ感ズルニ至レリ、又我ガ軍ニ収容セレタル一負傷兵ノ如キハ言語不通ノ為恐怖心ヲ起シ食事ヲ口ニセザリシモ通行証ヲ見セタルニ安心シテ採食セリ

言語上の不安感や問題を軽減する機能を有しているが、中国人農民に八路軍の内情を質問する際、日本人兵士は中国語を使用したのであろうか、また、農民は説明する際、中国語または日本語のどちらを使用していたのであろうかという疑問は残る。しかし、前述の機能以外にも捕虜の負傷兵を安心させるための機能もあり、捕虜獲得にある程度の効果があったのではないだろうか。何れにしろ喫緊に日本語人材を育成しなければならないことには変わらない。

一九三八年一一月、八路軍は延安に敵軍工作の中心を担う日本語人材育成のため敵軍工作訓練隊（以下、訓練隊）を設立した。実はこの訓練隊は長くは続かなかった。第一期生を卒業させた一九四〇年に廃止し、その後、改編され新たに敵軍工作幹部学校が設立され訓練隊と同様の教育が行われることになった。[3] 訓練隊は戦況から急ぎ設立された機関であり、入念に準備した機関が敵軍工作幹部学校であった。つまり、訓練隊は敵軍工作幹部学校の前段階の抗日工作の人材育成機関といってよいだろう。

さて、八路軍は訓練隊をどのような機関にしたかったのであろうか。後に雁門軍区の司令官となる許光達によれば「日本語を解する者と敵軍工作参加希望の青年を集め、敵軍工作訓練隊を組成し、敵軍工作専門の人材を訓練するのだ」とし「敵と偽軍を味方に引き入れることは、我々の戦略上重要な部分である」と訓練隊の目的と意義を述べている。[4] また、米国の軍事視察団によれば訓練隊について「総政治部は連隊以上の部隊の工作のために、政治的原則を理解し、日本語の読み書きができ、会話力のある、政治的に成熟した幹部を訓練するためのクラスを設けた」と報告している。[5] 訓練隊は抗日工作の幹部を育成するために日本語だけでなく、中共の思想の理解までも求められたのである。とはいうものの訓練隊の主な教育内容が日本語であったことから「日文訓練隊」と呼ばれた。[6]

第一期生の劉国霖によれば「党が我々に与えた任務は、敵軍工作に必要な手段である日本語をよく学ぶことであった。延安の環境で日本語、生産労働、政治学習は、当時の三大任務であった」と述べている。[7] 三大任務に日本語教育が入っていることから、中共はこれを敵軍工作上、最も重要な要素の一つであることを示したといえる。

2．敵軍工作と日本留学組

訓練隊は八路軍総政治部敵軍工作部（以下、敵工部。尚、当初は敵工作科という）の直轄であった。日本軍や国民党よりも軍事力が劣っている中共にとって政治工作こそが生き残りと勢力拡大の鍵となった。中共中央軍事委員会総政治部の宣伝部長である蕭向栄は「八路軍の政治工作は八路軍の魂であり生命線である」と断言しているほどである。[8] 八路軍各部隊の政治工作は政治文化工作、組織工作、鋤奸工作、地方居民を味方につけ抗日友軍と団結し、敵軍を瓦解させる工作が任務である。[9] 一方、敵工部の任務は敵軍を瓦解させる工作であり、全部隊の敵工部門を統括し、捕虜優遇等の方針を徹底させ、各部隊に日本語人材を配置させるのであった。総政治部副主任の譚政は「この工作を上手く行うには、中心となる一環は人力の充実である。敵軍工作部を強化し、それぞれの敵軍工作幹部は日本語の素養があり、日本の国情を了解し、虚心に研究し、困難に満ちた工作に従事すべきである」と述べている。[10]当然、敵工部の成功は知日家で優秀な人材抜きでは得られないのである。そこで日本留学組を敵軍工作に活用することとなった。

趙新利によれば一九三七年一〇月六日に総政治部は、各師の敵軍工作の工作員のほとんどを日本留学から帰国した愛国青年でなければならず、政治上と工作能力の面で積極的に育成し、敵軍工作の優秀幹部にさせるよう指示したという。[11]同じ中国人でも日本滞在の未経験者よりも、日本留学組のほうが日本の文化、習慣、風俗を理解している。太原から北京に移動中の夜汽車の中で八路軍の夜襲を受け自身の子供四人と捕虜となった国立華北行政学院教授の鈴木伝三郎は敵工部の日本留学組に対し「彼等は日本語を話し、日本人の性格、心得、政治、経済の事情に通じている。中には小学校や中学校時代を日本で過ごした者もおり、東京の下町のザツな言葉や、いきな駄洒落まで心得て居て、かえってこちらが苦笑させられることも多くあった」と証言していることからも、[12]地方の庶民の日本人以上に日本を知り尽くしていたといえよう。しかも、彼らは知識人である。彼らが日本から持ち帰った多くの日本語書籍も有している。[13]つまり、彼らの経験だけでなく文献の情報から日本軍の研究ができたのである。

八路軍内の日本留学組の結束は固く、一九四一年に延安留日同窓会が結成され、日本語図書館まで設立された。[14]そして、翌年に日本人捕虜が所属する日本労農学校と親睦会が開催され、呉玉章が代表して挨拶した。[15]呉は一九〇三年に私費留学生として成城学校に留学し、卒業後、第六高等学校に入学した。日本留学中に革命運動に身を投じ、孫文の中国同盟会に参加し、革命後はフランスに留学し、その後共産党に加わっており、近代の中国人日本留学生及び日中関係史の歴史を背負った長老といえよう。呉は日本人捕虜に対し明治期の日本留学時代を振り返り、その当時の日本人からいかに援助を受け、日本経由でマルクス・レーニン主義の書籍を入手したかを話したが、これについて日本人捕虜は全く知らなかったという[16]。日本人捕虜は日本留学組から近代日中交流史を学んだということになる。

このような状況から、八路軍内の日本留学組の存在感は大きく、中共も彼らの価値を十分理解しており、日本軍の瓦解に十分に貢献できると考えたのも自然なことであったといえよう。

表5に「敵軍工作に関わった主な日本留学組」を記した。当時もそうであるが、彼らの多くは戦後も重要な職に就いている。一部の者とはいえ、いかに日本留学組の能力が求められていたことかわかる。また、学んだ教育機関も典型的なエリート校であり、高い学力及び知識を有していることがわかる。

趙安博及び江右書の両者ともに第一高等学校に留学しており、特に趙安博は延安の日本人捕虜の多くが「最も印象深い中国人だった」と回想しており、彼らから最も愛されていた対日工作者であったという[17]。

趙は一九三四年に来日し東亜高等予備学校に入学し、近代中国人日本留学界及び日本語教育史上、最も大きな存在の一人である松本亀次郎から日本語を学んだのであった。翌年、第一高等学校に合格し、岡邦雄、戸坂潤、唯物論叢書等を読み、「光明社」という中国人留学生の研究会に参加し、祖国の危機を論じ合った。「盧溝橋事件」直後、帰国し八路軍に参加したのであった。趙が配属された一二〇師団三五九旅団の初めて捕らえた日本兵が吉積清であり、趙は彼を尋問している。そして、後に吉積は敵工部の最初の日本人教員となるのであった。これについての詳細は後述する。

戦後、趙は、中日友好協会秘書長に就任し、一九六五年には日中間の賠償問題について「一般的に言って巨大な戦争賠償を戦敗国に課することは第一次大戦後を見ても明らかなように平和のため有害である」、「戦争賠償はその戦争に責任のない世代にも払わせることになるので不合理である」等と日本からの賠償金を放棄する旨を発言している。[18] 八路軍は徴兵された名もなき日本兵に対し帝国主義の犠牲者として見ていたことからも趙の賠償金放棄の発言は通じるものがあるのではないだろうか。

江右書についての詳細は資料の関係上不明であった。また、新中国建国後の主な経歴に関しては、残念ながら一つしか確認できなかった。江は日本留学時代に社会科学研究会（一九三六年一月結成）に入り、この会で世界各国の各著の翻訳をしていることから日本語の専門家であったという。[19] このキャリアから彼が訓練隊の日本語教務主任に抜擢されたのは自然なことであろう。尚、この社会科学研究会から八路軍や新四軍の敵軍工作や日本人捕虜管理に携わった者が少なからず輩出されたのであった。[20]

表 5. 敵軍工作に関わった主な日本留学組

<table>
<tr><td>名前</td><td>日本留学先</td><td>中共及び八路軍での主な経歴</td></tr>
<tr><td rowspan="3">王学文</td><td rowspan="3">京都帝国大学経済学部、同大学大学院</td><td>八路軍総政治部敵軍工作部部長
中共中央軍事委員会総政治部敵軍工作部部長
訓練隊日本語教員
日本労農学校の捕虜教育にも参加</td></tr>
<tr><td>新中国建国後の主な経歴</td></tr>
<tr><td>全国人民代表大会代表
中国科学院哲学社会科学部委員
経済研究所学術委員
全国政治協商会議常務委員会委員</td></tr>
<tr><td rowspan="4">李初梨</td><td rowspan="4">東京高等工業学校、京都帝国大学</td><td>中共及び八路軍での主な経歴</td></tr>
<tr><td>八路軍総政治部敵軍工作部副部長
中共中央南方工作委員会秘書
日本労農学校の捕虜教育にも参加
訓練隊日本語教員</td></tr>
<tr><td>新中国建国後の主な経歴</td></tr>
<tr><td>長春市委員会委員
中央対外連絡部党委書記
全国政治協商会議常務委員会委員</td></tr>
<tr><td rowspan="4">張香山</td><td rowspan="4">東京高等師範学校</td><td>中共及び八路軍での主な経歴</td></tr>
<tr><td>八路軍第一二九師敵軍工作副部長（後に部長）
太行軍区敵軍工作部長
普冀魯予軍区敵軍工作部部長</td></tr>
<tr><td>新中国建国後の主な経歴</td></tr>
<tr><td>中央対外連絡部副部長
中央広播事業局局長
中日友好協会副会長（後に会長）
中国国際交流協会副会長
一九九二年、日本政府から勲一等瑞宝章授与</td></tr>
</table>

趙安博	東亜高等予備学校 第一高等学校	中共及び八路軍での主な経歴
		八路軍総政治部敵軍工作部 延安日本労農学校副校長 日本人捕虜に対する中国語教員
		新中国建国後の主な経歴
		中共中央対外連絡部日本処所長 中国人民政治協商会議全国委員会委員 中国国際交流協会理事 中日友好協会秘書長
江右書	第一高等学校	中共及び八路軍での主な経歴
		八路軍第総政治部敵軍工作訓練隊教務主任 訓練隊日本語教務主任 日本労農学校の捕虜教育にも参加
		新中国建国後の主な経歴
		北京国際戦略問題学会秘書長

【出典】　安藤正士『現代中国年表』（岩波書店、1982 年）163 頁、東方書店・人民中国雑誌社編『わが青春の日本』（東方書店、1982 年）24–37 頁、152–163 頁、175–186 頁、香川孝志・前田光繁『八路軍の日本兵たち』（サイマル出版会、1984 年）159 頁、藤原彰・姫田光義編『日中戦争下中国における日本人反戦運動』（青木書店、1999 年）71 頁、三田剛史『蘇る河上肇』（藤原書店、2003 年）340–341 頁、水谷尚子『「反日」以前　中国対日工作者たちの回想』（文藝春秋、2006 年）81 頁、123 頁、趙新利「日中戦争期における中国共産党の敵軍工作訓練隊—八路軍に対する日本語教育の開始とその本質—」（『早稲田政治公法研究』94 巻、2010 年）53–57 頁、より酒井作成

写真 4．趙安博（右、八路軍時）

水谷尚子『「反日」以前』（文藝春秋、2006 年）

写真 5．張香山（八路軍工作部長時）

張香山『日本回想』（自由社、2003 年）

東京高等師範学校に留学した趙安博は張香山と同時期に留学しており日本文学が専門であった。当時二三歳の張は中国人留学生の新聞である『質文』において蒋介石を痛烈に批判したのであった。趙安博は、「なかなかよく書けていたので、今でも鮮明に覚えています」と述べている。[21] 日本人初の八路軍兵士となった前田光繁は捕虜になった時、『戦陣訓』の教え通り死ぬか生きるかの狭間にいたが、張香山から「日本のことわざに『死んで花実が咲くものか』と言うでしょう。あせらず時間をかけてゆっくり考えようじゃないですか。帰りたくなれば帰してあげます」等と言われ徐々に落ち着きを取り戻したという。[22] 豊富な日本文化の知識を有する日本留学組ならではの説得方法といえる。

写真6. 王学文

香川孝志・前田光繁『八路軍の日本兵たち』（サイマル出版会、1984年）

さて、敵軍工作に関わった日本留学組の代表格は、王学文である。表5からもわかるように王は訓練隊を直接管掌する敵工部の部長に抜擢されている。彼は河上肇の門下生であり、マルクス・レーニン政治経済学を専門としている。日本留学組の中で最も優秀な者の一人である。中共は、その彼に白羽の矢を立てたのである。

王は一八九五年に江蘇省銅山県で生まれ、一五歳の時に来日し、一九一五年に金沢第四高等学校、一九二一年に京都帝国大学経済学部、一九二五年に同大学大学院で学んだ。京都では河上肇の門下生となった。王は河上が日本共産党の指導者である福本和夫から唯物弁証法と史的唯物論の問題で批判され、マルクス主義者に転化していく過程を見ている。また、河上の真理を追究しようとする精神に惹かれ信じるようになった[23]。やがて、王は、前述の江右書と同じ社会科学研究会に参加し、日本共産党の指導者や日本人マルクス主義者と積極的に交流していく。

一九二七年、蒋介石による共産党弾圧事件である「四・一二クーデター」を機に京都で中国共産主義青年団に加入し、六月には中国共産党員となった[24]。同年に帰国し葉挺将軍の部隊に参加しようとするが、申し込みが遅れたため間に合わなかった。再び来日したが、経済的苦境に陥り、河上は彼への援助のために『資本論』の翻訳を分担させようとした。しばらくして、周恩来、朱徳、賀竜らが南昌で蜂起したため再び帰国する。その際に河上から旅費の援助を受けている。河上と王が深い師弟関係を築いていることがわかる。

河上の門下生である王を始めとする中国人留学生は帰国後、中国のマルクス主義に大きな影響を与えている。毛沢東は一九六〇年に訪中した日本作家代表団（野間宏団長、亀井勝一郎副団長、竹内好、開高健、大江健三郎、松岡洋子、西園寺公一、白土吾夫）に河上の著作でマルクス主義政治経済学を学び彼を高く評価している旨を述べた[25]。尚、この時、趙安博も同席している。

写真7．吉積清（左、満鉄時）

『文化評論』（新日本出版社、1991年9月）

帰国後の王は上海芸術大学、中華芸術大学、華南大学等でマルクス主義を教えながら、中国共産党の江蘇省委員会の宣伝工作に従って上海で地下活動を展開した。一九三〇年、上海の東亜同文書院で日本人学生にマルクス・レーニン主義政治経済学を教え、「中日闘争同盟」を組織させ、一九三七年に延安に入り、中央党学校教務主任となり、一九四〇年には総政治部敵軍工作部部長となった[26]。野坂参三が延安に来てから、日本問題研究会を拡充させ、日本の新聞・雑誌等の刊行物を収集し日本の情勢分析と対日工作を行った[27]。そして、王は訓練隊でも日本語教師として教鞭を執った。彼と共に訓練隊で助教として日本語教育を行った日本人捕虜の吉積清は「王さんはどんなむずかしい話でもいつも笑いながら上手な日本語で話された。こちらも気軽に相談できた」とその人柄を回想している。[28] 日本人捕虜の気持ちを掴む方法をよく理解しており、戦場という特殊な空間で日中の心の交流が行われていたといえる。

3. 学生選抜

設立された訓練隊は学生を選ばなければならなかった。八路軍には知識人から農民まで幅広い将兵が所属しており、非識字者が多く無条件で誰でもいいというわけにはいかなかった。例えば紅軍から改編された当時の八路軍一二〇師の幹部と兵士、それぞれの識字能力等の水準を以下で見てみよう。[29]

【幹部】
・報告が書ける者：二五%
・文書が読める者：四〇%
・少し字を知っている者：三〇%
・字を知らない者：三二%

【兵士】

・文書が読める者：一五％
・字を知っている者：七五％
・字を知らない者：一〇％

幹部の中で報告書を作成できない者が4人の内3名もいることや兵士よりも幹部の方が字を知らない者が多いことは興味深い。幹部も兵士も文書作成及び識字能力が極めて低く、これらの者達の教育をしなければならないのはいかに大変かが推測できよう。

では、「日中戦争」開戦一年目と二年目の同師の兵士の識字能力はどうなったのであろうか。以下の調査結果を見てみよう(30)。

【一年目】
・日記がつけられる者：一五％
・作文ができる者：一〇％
・普通の文書が読める者：二五％
・字を五〇〜二〇〇知っている者：三五・五％
・字を知らない者：一四・五％

【二年目】
・字を二〇〇字前後知っている者：三四％
・字を三〇〇字以上知っている者：六六％

識字能力を高めるための教育（中共では「文化教育」という）を行ったことで、「日中戦争」後はその水準が高くなっている。とはいえ、多くの者の識字能力は低い。外国語である日本語を学ばせるには、ある程度の中国語の識字能力があったほうが有利であろう。

では、訓練隊の学生選抜はどのようなものであったのだろうか。趙新利によれば、主に抗日軍政大学（以下、抗大）の八つの大隊から日本留学経験のある者を中心に選抜したという。[31]確かに訓練隊の学生であった劉国霖の証言でも、彼自身が抗大予科七大隊で学んだ後、日本語の基礎学習の経験があるという理由で訓練隊に転属となったという。[32]抗大の日本留学組だけでなく日本語学習経験者も積極的に受け入れていたといえる。しかし、大森実によれば、前線部隊から選ばれたエリート達であったという。[33]また、訓練隊の助教であった吉積清によれば農民、労働者、国民党の軍閥、財閥、大地主の子弟まで含まれ、各大学からえり抜かれた二十歳代の若者ばかりだったという。[34]よって、抗大と前線部隊からの者だけでなく、中共に共鳴した優秀な者が混在していたのではないだろうか。

では、訓令隊に入隊できる学生の具体的な条件は何であろうか。徐則浩によれば学生の条件を

「（1）中国共産党員または中国共産党の入党候補者、（2）高卒以上レベル、（3）年齢二〇歳―二五歳、（4）日本語学習を希望し敵軍宣伝工作に熱心である」と決めたという[35]。若さ、教養、日本語及び任務への熱意、そして中共のイデオロギーの理解が必要であったのである。しかし、訓練隊の日本語教育の主任である江右書によれば、「中卒以上のレベルで、日本語に興味があり、生まれつき賢く、性格も活発で発音がきれいである者」であり、これら全ての条件が必要であり、その中で一つでも欠けている場合は、成績に影響を及ぼすと述べている[36]。年齢制限がなく、学歴も高くなく、素質、発音、健康の条件が加えられている。教養と素質の点は、抗大の学生の学歴が一定でなく多種多様の者が所属していたため、その条件を設けたといえる。発音については広大な中国では地方によって全く発音が違うので、中国人同士も意志疎通が難しい。よって、学習にも影響が出てくることからこの条件を設けたのである。両者の条件は異なっているが日本語に対する興味が挙げられていることから、八路軍の日本語教育の真剣さがわかる。おそらく現場に関わった江の述べた内容が有力ではあると考えられるが、これについてはさらなる調査が必要である。

徐則浩によれば訓練隊の第一期生の学生数は一五〇名という[37]。しかし、第一期生の劉国霖の証言によれば約一二〇名であったという[38]。これに関しても今後の調査が課題となる。尚、女子学生は一二名であり、この中から後に『解放日報』の記者となり日本に関する論説を書いた荘濤を輩出する[39]。荘濤は訓練隊で江右書から日本語を学び、卒業後は敵工部の日本研究室に所属し、野坂参三の通訳や秘書を務め、また特別な関係であったという[40]。

4．教員選抜

次に教員を見てみよう。当初、朝鮮人の徐輝等が教えていたという。しかし、当初の教員達は長くこの任務に就くことはなかった。劉国霖によれば「彼らは日本語はできたけれど完璧な日本語ではないし、中国語も流暢ではないので文法や用語の説明はできない。だから敵工部から出向してきた日本語の上手な江右書に代わった。」という。[41] 徐が捕虜かどうか不明であるが、少なくとも日本語学習経験はあったとはいえ、訓練隊の教員としては相応しくなかったようである。これ以外にも朝鮮人の教員と中国人学生との軋轢があったようである。[42] また、野坂参三の研究秘書であり日本問題研究室付の研究員であった黄乃によれば台湾人の日本語教員もいたという。[43] 複数の民族やイデオロギーを有した者の集団であることから、対立も含む複雑な人間関係があったといえよう。

その後、第一高等学校出身の江右書が教務主任として派遣される。江は日本語の造詣が深く教え方も上手かったので訓練隊の学生から讃えられていた。[44]

江右書によれば、教員の選抜の条件とその理由を以下のように述べている。[45]

第一に教育の仕事に忠実であり、それなりの経験がある者。第二に日本語のみならず、政治方面にも相当素養がある者。第三に性格も温和で細やかなところまで気がつく者。このような教員だからこそ初めて学生の信奉を集め、学生を大いに助けることができる才能がある。

日本語能力はもちろんのこと、教育経験・姿勢や政治思想、教養まで幅広い素養を求めており、単なる語学のみを教える者では務まらなかったのである。おそらく前述した朝鮮人教員の問題点を分析した上で条件を決定したのであろう。この条件に合った中国人教員が敵工部部長の王学文や副部長の李初梨や八路軍延安新華ラジオ局の張記明等であった[46]。その他に梅青や日本留学組で広東省出身の廖一帆等の中国人の助教もいた[47]。尚、訓練隊の第一期生の劉国霖によれば中国人の助教は日本語が上手であり二人体制であったという[48]。

日本人捕虜も助教として採用した。管見の限り資料上明らかになっているのは二人の日本人である。彼等は捕えられた後、八路軍によって思想を覚醒された者であった。最初の日本人教員となったのは吉積清である。一九四一年一〇月二日の『解放日報』の記事でも確認できる。吉積が捕虜になるまでを、黒田義勝の論に依拠しながら論じる[49]。

吉積は一九一五年に筑豊炭鉱で有名な福岡県嘉穂郡幸袋町（現、飯塚市）の旅館の息子として生まれた。一九三四年に姉を頼って渡満し、四平街の日本人経営の「四洮新聞」に営業部員として就職した。翌年、徴兵検査を受けたが第二乙種のため兵役には行かず、一九三五年七月に南満洲鉄道四平街保線区管内の臨時社員の募集に応募し、線路の安全点検をする鉄路警備員として採用された。採用当時は高粱の繁茂する時期であるため頻繁に馬賊が出没した。そのため警備員は小銃携帯で仕事をした。

翌年五月、満鉄の正社員に採用され、一九三七年一〇月、満鉄嘱託の軍属として中国京綏鉄道下花園駅に派遣された後、翌月には山西省の省都である太原に転属し、さらに同蒲鉄道平社村駅の勤務になった。平社村駅の近くには八路軍一二〇師の陣地があった。翌年五月、破壊された鉄路の補修に向かう途中、八路軍の襲撃を受け頭部を負傷し捕虜となった。

吉積を尋問したのが張安博であったが、捕虜となった当初、本名を明かさなかった。岩見重太郎や猿飛佐助を考えついたが、近藤勇という偽名を使った[50]。伝説の人物及び幕末の志士を使おうとしたことはユニークであり興味深いものであるが、八路軍が日本の歴史や言い伝えを知らないと思っていたのであろう。その後、吉積は八路軍の思想に共鳴し森健という仮名を使用したという[51]。

延安に移送された吉積は八路軍の捕虜優待政策や労働者の階級的自覚に目覚め、訓練隊の日本語教員として採用された。一九四一年、吉積は日本人初の辺区参議会議員に選ばれた[52]。辺区というのは中共の支配地域の呼称であり、参議会は辺区の最高議決決定機関である。いかに吉積が中共から特別に配慮されている人物であることがわかるであろう。そして、王学文から在華日本人反戦同盟延安支部の結成を打診され、設立者の一人となり、野坂参三と共に日本人捕虜教育や抗日工作を行った。戦後、日本共産党員の役員となる。

二人目の日本人教員は一九三九年三月から加わった川田好長である、彼も春田好夫という偽名を使用していたが、その後、高山進と改名する。川田自身の証言によれば[53]、一九一七年、香川県坂出市で貧しい農家の五男として生まれ、一九三六年に徴兵検査で甲種合格となった。翌年の日中戦争後、臨時召集で通州の独立混成第四旅団第三大隊第三中隊に配属された。吉積と違い兵隊であった。一九三九年一月に八路軍の襲撃を受けた翌日に隠れて眠っている時に八路軍に取り囲まれ「コロサナイカラデテコイ」という呼びかけに応じて、捕虜となった。その後、延安に移送されてから、八路軍の主張や捕虜政策を説明され思想が変化していき、日本語教員に採用されたのであった。この時、説明した一人に吉積も参加している。また、吉積同様、在華日本人反戦同盟延安支部の設立者の一人になり、前線との連絡や日本人捕虜の教育を行った。戦後は共産党大阪府委員会で仕事をしたが、一九六二年に辞職した。[54]

では、なぜ八路軍は日本人捕虜を日本語教員として活用したのであろうか。教務主任の江右書によれば学生だけでなく中国人教員に対しても有意義であるとし、正確な発音、立派な会話、日本の風俗、軍隊生活の実態を教えることができ、それに加え、日本の方言等のような中国人教員が理解できない問題も解決できる旨を述べている。[55]単なる語学教員としての活用でなく、日本軍の事情や日本文化・風俗を含めた日本研究の教員として期待されたのである。

【注釈】

（1）（JACAR Ref.C11110754900）「附録　其ノ二　支那共産軍ノ対日本軍思想工作要領」（大本営陸軍部研究班『無形戦力思想関係資料第二号　支那事変ニ於ケル支那側思想工作ノ状況』一九四〇

年）第〇四〇〇画像―第〇四〇一画像
（2）同上書　第〇三九九画像、第〇四〇〇画像―第〇四〇一画像
（3）藤原彰他編『日中戦争下中国における日本人の反戦活動』（青木書店、一九九九年）二四五頁、香川孝志・前田光繁『八路軍の日本兵たち』（サイマル出版会、一九八四年）五〇頁
（4）許光達「抗大最近動向」（『八路軍軍政雑誌』第二期　国民革命軍第十八集団（八路軍）政治部、一九三九年）一〇三頁
（5）山本武利編訳、高杉忠明訳『延安レポート　アメリカ戦時情報局の対日軍事工作』（岩波書店、二〇〇六年）六五一―六五二頁。尚、この米軍の資料によれば一九三八年一二月にクラスを設けたと記されている。しかし、徐則浩『従俘虜到戦友 記八路軍　新四軍的敵軍工作』（安徽人民出版社、二〇〇五年）三六―三七頁によれば、一一月に設立されたという。この月に爆撃があったため一二月から授業を開始したという。
（6）趙新利「日中戦争期における中国共産党の敵軍工作訓練隊―八路軍に対する日本語教育の開始とその本質―」（『早稲田政治公法研究』九四巻、二〇一〇年）五三―五七頁
（7）劉国霖・鈴木伝三郎『一個「老八路」和日本捕虜的回憶』（学苑出版社、二〇〇〇年）二一頁
（8）蕭向栄「八路軍的政治工作」（『八路軍軍政雑誌』第二巻第一〇期　国民革命軍第十八集団（八路軍）政治部、一九四〇年）四九頁
（9）宍戸寛・内田知行他『中国八路軍、新四軍史』（河出書房新社、一九八九年）四八四頁
（10）譚政「対敵工作的当前任務」（『八路軍軍政雑誌』第二巻第六期　国民革命軍第十八集団（八路軍）政治部、一九四〇年）五八―五九頁
（11）趙新利『日中戦争期における中国共産党の対日プロパガンダ戦術・戦略』（早稲田大学大学院

政治学研究科博士論文、二〇一一年）五三頁
(12) 鈴木伝三郎『延安捕虜日記』（国書刊行会　一九八三年）一三九頁
(13) 藤原彰他編『日中戦争下中国における日本人の反戦活動』（青木書店、一九九九年）一六七頁
(14) 香川孝志、前田光繁『八路軍の日本兵たち』（サイマル出版会、一九八四年）五三頁
(15) 同上書　五三頁
(16) 同上書　五四―五五頁
(17) 水谷尚子『「反日」以前　中国対日工作者たちの回想』（文藝春秋、二〇〇六年）六七頁
(18) 安藤正士『現代中国年表』（岩波書店、一九八二年）一六三頁
(19) 「盧耀武さんとのインタビュー」『季刊戦争責任研究』第二一号（日本の戦争責任資料センター、一九八〇年）二八頁
(20) 同上書　二八頁
(21) 前掲注(17)書　七一頁
(22) 前掲注(14)書　一五〇―一五二頁
(23) 王学文「河上肇先生に師事して」（東方書店・人民中国雑誌社編集『わが青春の日本』東方書店、一九八二年）三〇―三二頁
(24) 三田剛史『蘇る河上肇』（藤原書店、二〇〇三年）三四〇頁
(25) 竹内実「毛沢東主席との一時間半」（『増補毛沢東ノート』新泉社、一九七八年）六八―六九頁
(26) 前掲注(24)書　三四一頁
(27) 前掲注(13)書　四〇頁
(28) 森健「延安における反戦同盟の結成と日本労農学校の創設」（反戦同盟記録編集委員会『反戦

兵士物語』日本共産党中央委員会出版部、一九六三年）八〇頁
(29)蕭三「八路軍―人民的大学」（『八路軍軍政雑誌』第二巻第十六期、国民革命軍第十八集団（八路軍）政治部、一九四〇年）一三二―一三三頁
(30)同上書　一三二―一三三頁
(31)前掲注(6)書　一頁
(32)前掲注(13)書　二四〇頁
(33)大森実『戦後秘史3　祖国革命工作』（講談社、一九七五年）二一〇頁
(34)黒田秀勝「吉積清についての覚書」『文化評論』（新日本出版社、一九九一年）一九二頁）
(35)徐則浩『従俘虜到戦友　記八路軍　新四軍的敵軍工作』（安徽人民出版社、二〇〇五年）三六頁
(36)江右書「敵軍工作訓練隊日文教育的一些経験」（『八路軍敵軍軍政雑誌』第二巻第六期国民革命軍第十八集団（八路軍）政治部、一九四〇年）七三頁
(37)前掲注(35)書　三七頁
(38)前掲注(13)書　二四〇頁
(39)同上書　二四一頁
(40)前掲注(17)書　一二三頁、一三〇頁
(41)前掲注(13)書　二四〇頁
(42)黒田義勝「吉積清についての覚書」（『文化評論』九月号、新日本出版社、一九九一年）一九二頁
(43)前掲注(40)書　一二三頁
(44)前掲注(35)書　三七頁

（45）前掲注（36）書　七三頁
（46）前掲注（13）書　一五七頁
（47）前掲注（7）書　二二頁
（48）前掲注（13）書　二四二頁
（49）前掲注（42）書　一八四―一八八頁
（50）前掲注（33）書　二一二頁
（51）前掲注（28）書　八一頁
（52）『解放日報』（一九四一年一〇月二日）
（53）前掲注（13）書　一五三―一五七頁
（54）同上書　一六一頁
（55）前掲注（36）書　七三頁

第五章　訓練隊の日本語教育の実態

1．日本語学習内容

選抜された訓練隊第一期生は一九三八年一二月から一九四〇年四月の卒業まで約一年四ヶ月の教育が行われた[1]。再説するが、第一期生の学生数は徐則浩によれば一五〇名であり、第一期生の劉国霖の証言では一二〇名である。劉国霖は一九三九年一月に訓練隊に入ったことから[2]、卒業までの何らかの理由で転属等に去って行った者がいたと考えられる。

第一期生は全ての行動や学習を共にする班を形成する。相互協力や連帯意識を高めると同時に相互監視もあったのではないだろうか。劉国霖の証言では各班それぞれ一〇名程度で一班を形成し、一班に一名の女子学生が割り与えられた[3]。よって、劉国霖の時は一二班に分かれていたということである。

訓練隊では日本語教育だけでなく政治訓練も行った。その割合は七〇％を日本語教育、三〇％を政治訓練に費やした[4]。訓練隊の学生の中には専門の軍事や政治学を学ぶことを第一にしており、日

表6. 八路軍敵軍工作訓練隊のレベル別授業内容

	第1学期	第2学期	第3学期
レベル	入門期	基礎	深く掘り下げ、発展させる
学習期間	1ヶ月程度	5ヶ月程度	4ヶ月～5ヶ月程度
学習内容	発音、片仮名・平仮名、単語、短文等	文法、短文、日常会話、連字、作文等	比較的長い文、文芸作品、理論的な書籍の読解、敵軍公文書・郵便物・新聞の翻訳、短文作成、日本語で行う講演会・討論会等

【出典】 江右書「敵軍工作訓練隊日文教育的一些経験」(『八路軍敵軍軍政雑誌』第二巻第六期国民革命軍第十《ママ》八集団(八路軍)政治部、1940年)73–74頁より酒井作成

本語を学ぶことに矛盾を感じている者もいた[5]。前述した学生選抜の条件では日本語への興味または日本語学習を希望する者が入っていたが、強い抗日思想がある者にとって日本語そのものが敵国の言語であることから、学ぶには抵抗があったといえよう。また、日本語を学ぶ意義を理解できていなかった者もいたであろう。

次に、表6を見てみよう。前述では卒業まで約一年四ヶ月を過ごしたが、これは長期休暇や他の労働義務の時間も含まれている。よって、表6の通り学習期間は一〇ヶ月～一一ヶ月ということになる。厳格な教育期間というわけでなく学生の能力と戦況に即してその期間を変えた。よって、全員が第一学期から始めるわけではなく、途中で他の任務に就く者や途中から訓練隊に入る者もおり、流動的であったといえる。

三学期制を取っている。班とは別に日本語学習用のクラス編成を行っている。クラス編成は普通班と高級班に分け、一クラスは二〇～四〇名である。高級班には日本留学

写真8．捕虜の日本人（反戦同盟隊員）が八路軍兵士に教える日本語教育の風景

劉国霖・鈴木伝三郎『一個「老八路」和日本捕虜的回憶』（学苑出版社）2000年）

組や基礎的な日本語能力がある者を配属させ、その一部は普通班の助教にさせるため比較的優秀な者を選んだ(6)。

学習内容は日本語レベルに即したものになっている。資料の関係上、どのような教材を使用していたか不明であるが、教材は吉積の手書きの謄写版で作成したものであったという(7)。ここで注目すべき資料がある。陝西省档案館に所蔵されている八路軍政治部編集の『抗戦日語読本（第一巻）』という教科書である。八路軍総政治部は訓令隊廃止後の一九四〇年七月に作成された一二〇師への指示書に総政治部が工作大綱及び日本語教材を作成中で、期限までに完成させることや、三ケ月後の訓練隊再開の学生募集について述べている(8)。この作成中の教材が『抗戦日語読本（第一巻）』であると推測できる（図3・4・5参照）。この教育内容は初歩から高度なものを導入している。実

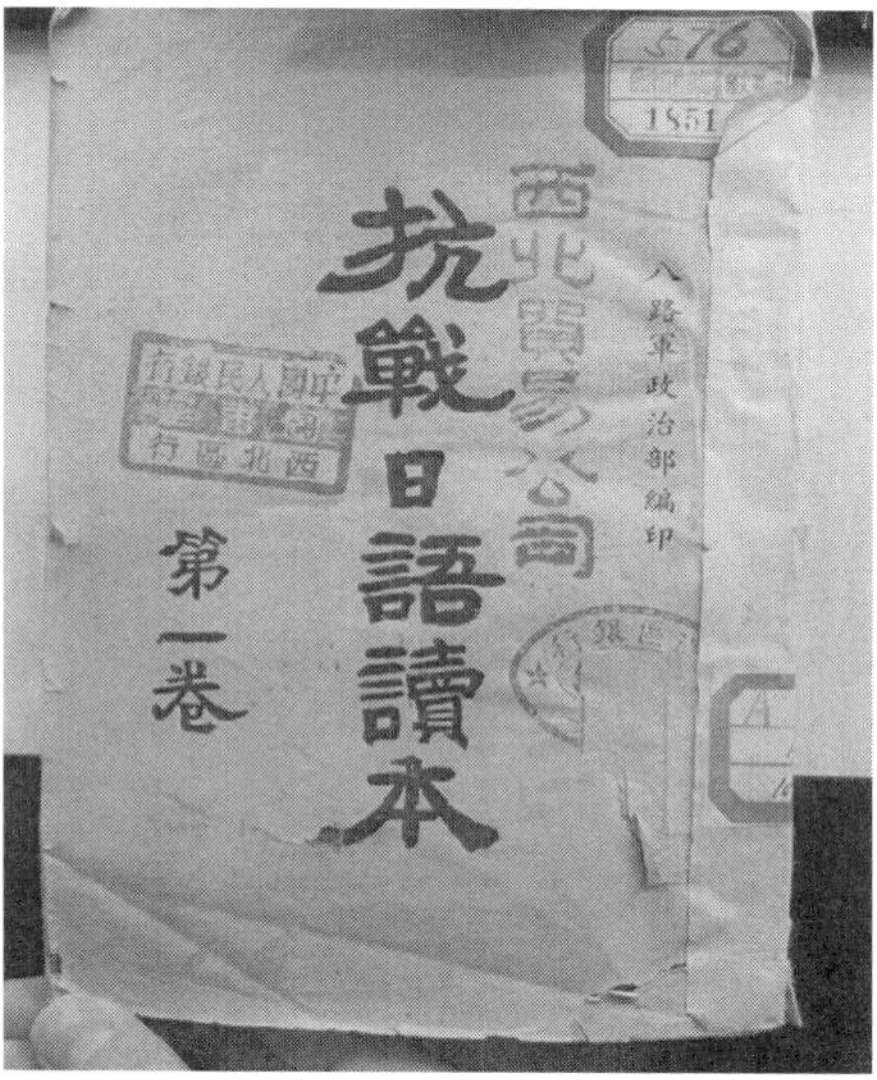

図 3．八路軍政治部編『抗戦日語読本』第一巻　出版年不明

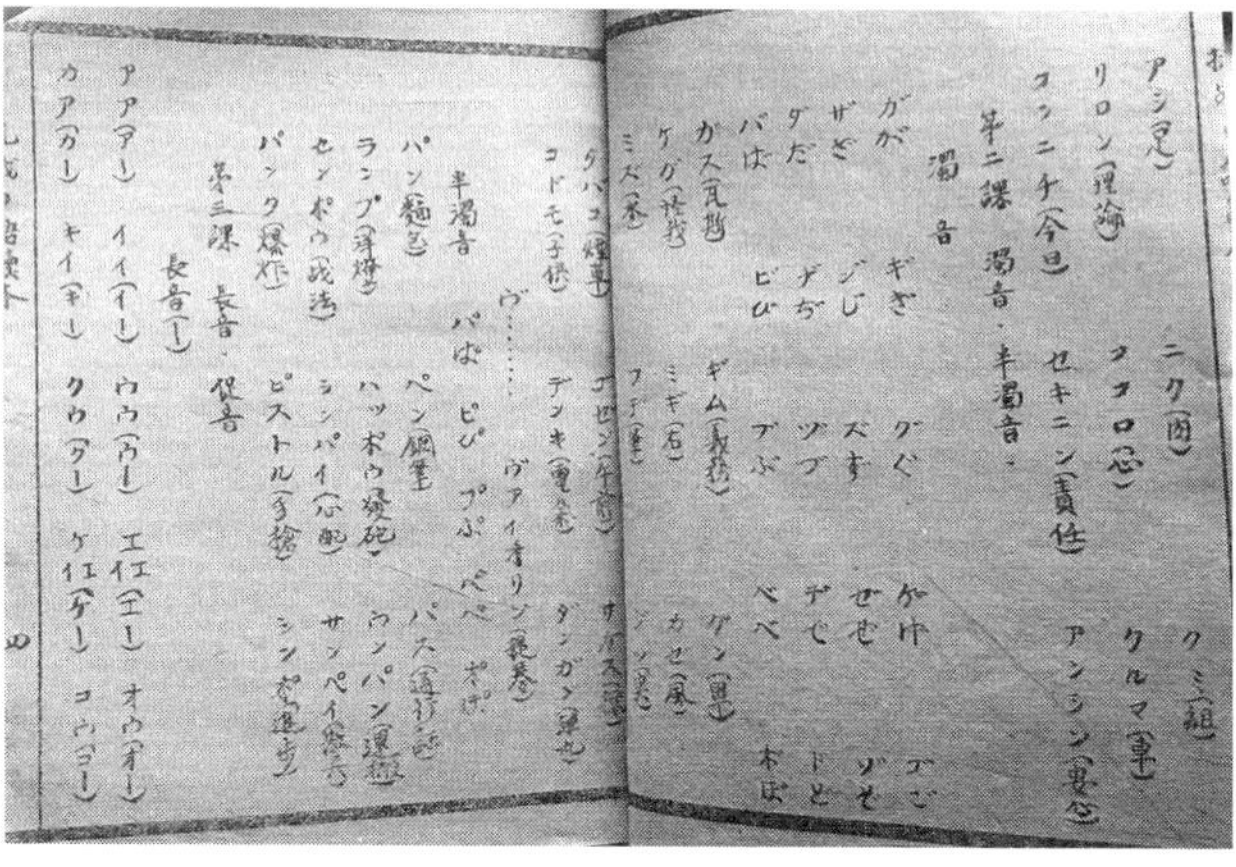

図 4．八路軍政治部編『抗戦日語読本』第一巻　出版年不明

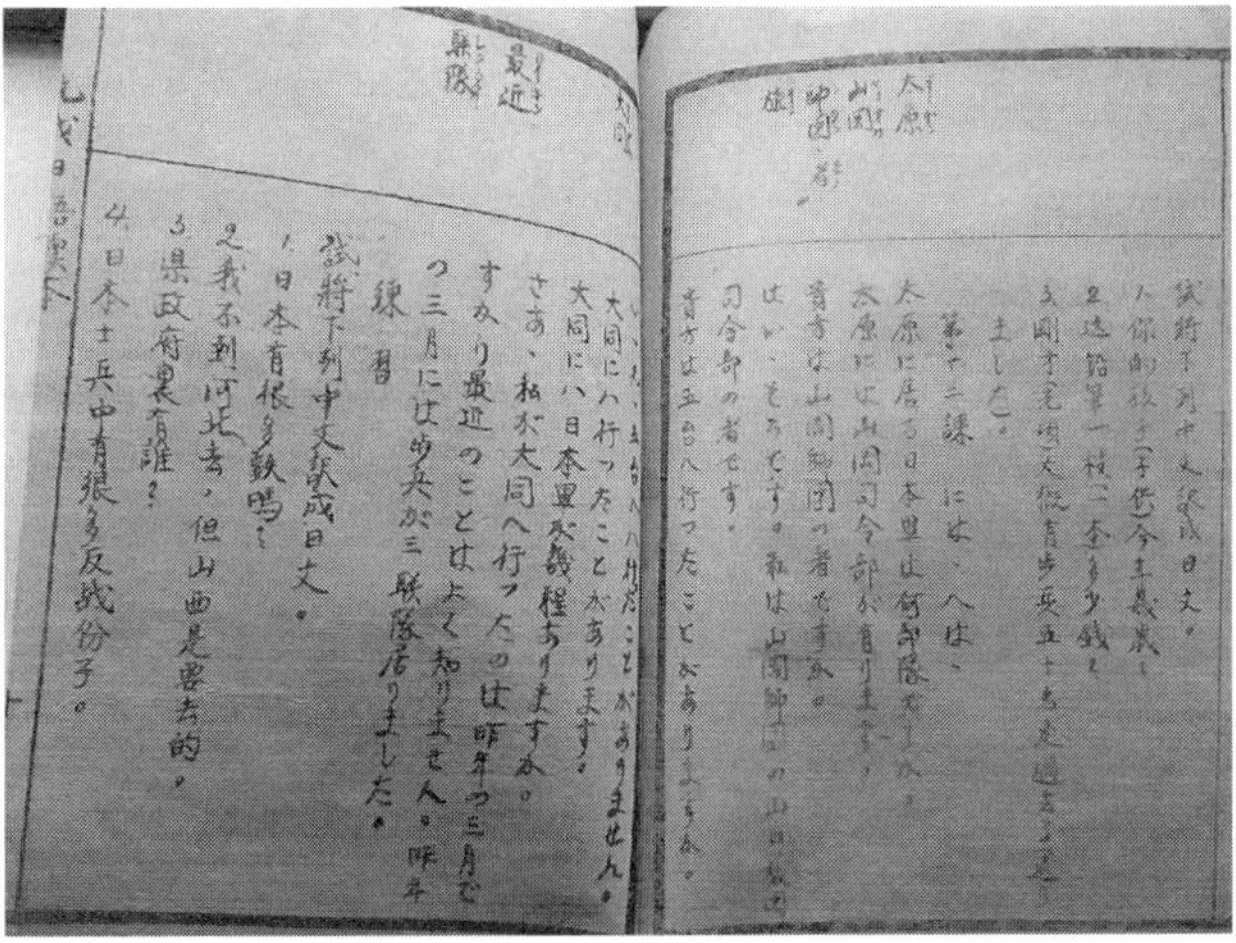

図 5.　八路軍政治部編『抗戦日語読本』第一巻　出版年不明

は前線での兵士に対する日本語教育は日本軍に投降を呼びかけるスローガン教育程度であり決して高いレベルの内容とはいえない。しかし、敵軍工作幹部学校では高度な日本語人材育成が必要であることを考えれば、『抗戦日語読本（第一巻）』はその教科書として相応しく、実際に使用されたものと考えられる。もちろん、訓練隊も高度な日本語教育を行っていた。よって、訓練隊の日本語教育の実態を論じる上で『抗戦日語読本（第一巻）』は十分に参考になるであろう。よって、ここからは『抗戦日語読本（第一巻）』と一九四〇年に江右書が『八路軍敵軍軍政雑誌』で報告した「敵軍工作訓練隊日文教育的一些経験」に依拠しながら論じることにする(9)。

入門期の第一学期では、発音や表記を学習している。訓練隊では使用されたかどうか不明であるが、『抗戦日語読本（第一巻）』にも、「日語字母発音」という項目があり、平仮名、片仮名、清音、鼻音、濁音、半濁音、長音、促音、拗音、拗長音、転呼音を学ぶ。この教科書は文レベルで学ぶ箇所が全部で二四課ある。それとは別に「字母発音」を全部で五課も占めている。いかに発音を重視しているのかがわかる。例えば広東語話者はナ行音とラ行音を混同する傾向があるため、戦場での捕虜訊問の時「知らない」「死なない」を間違って聞き取ったり言ったりする可能性は高い。また、前線で敵に投降を呼びかけても聞き取れなければ日本兵の強い抵抗に遭い、自決に追い込むことにもなる。一九三九年に捕虜となった保谷政治は、八路軍の兵士に日本語で呼びかけられたが「オーイ」しか理解できず、彼等の日本語を「どうやら日本語のつもりらしかった」と述べ投降に応じず抵抗か自決を考えたという[10]。よって、日本兵に理解できるような発音で確実に呼びかけることが必要となってくるのである。

　発音は基本的には日本人が指導するのであるが、劉国霖によれば、助教の吉積清に対し「彼は比較的声が小さく正しくない。発音の手本を示す際、誇張することができない。私が以前いた学校の中国人教員ほど発音がきれいでないと思った。」と評している[11]。学生の中には日本留学組もおり、「あれは日本の正確な標準語ではなく地方の方言だよ」と指摘されてしまったのであった[12]。吉積は九州の筑豊炭鉱の旅館の息子であるので、当時の所謂標準語ができなかったのである。これこそが整理統一されていないまま「大東亜共栄圏」に普及しようとした日本人の日本語の象徴的なものであろう。ただ、吉積は専門の日本語教員ではないとはいえ、彼自身、中国人教員よりも発音が悪いと学生から評されるとは夢にも思わなかっただろう。これについて吉積は「こればかりは急になおせるものでなく、ほとほと困った」と述べるに留まるしかなかった[13]。その後、前述の春田好夫が助教として配属されるが、吉積と違って標準的な発音であった[14]。

第一学期は一ヶ月程度で修了するのだが、学生は「行かない、行きます、行く、行く人、行けば、行く」等の動詞の活用に疑問を持つという。現在もそうであるが用言の活用は日本語学習者にとって決して簡単ではない。このような疑問を持つことは自然であり、日本語教員としての江の分析は当を得たものといえる。

第二学期を見てみよう。この学期は五ヶ月程度で修了する。文法、短文、日常会話、文の作成等を学習する。日常会話を学ぶ際、「完全句」と「普通敬語」の使用を習慣化させることに力を入れた。「普通敬語」であるが、日本語の尊敬語・謙譲語・丁重語の類と捉えてはいけない。これらは複雑であり戦時という特殊な時期において学ぶことは時間的にも余裕がない。前述の『抗戦日語読本（第一巻）』では、丁寧語及び普通体を導入しているが、多くは丁寧語である。したがって、「普通敬語」は丁寧語と考えてよい。また、訓練隊の学生に丁寧語を重視していた。例えば『抗戦日語読本（第一巻）』に「軍用地図や敵軍文件は何処に置いてありますか（一〇課）」「太原に居る日本軍は何部隊ですか（第一二課）」等のような日本人捕虜に対する尋問を想定した丁寧語の文を数多く導入している。この理由を、「学生が常日頃から好んで話を半分にして話したり、命令形を使ったりするので、それが習慣になると、直すことができなくなる。しかし、将来仕事中に来たばかりの捕虜に話せば、反感を生じるだろう。」という[15]。日頃から命令形や中途半端な文に慣れてしまえば容易に丁寧語や完全な文を使うことができない。そして、そのような文を使用し、新たな捕虜に接する場合、反感を持たれてしまうと考えていたのである。徹底した捕虜対策でありながら、日頃から反復練習をするということは、今日の語学教育の方法である習慣形成理論を用いていたのである。おそらく無意識に行っていたであろうが、今日の語学教育の方法が早くも戦時期に用いられていたのである。

短文に関しては「日本語反戦スローガン」も学習していた。詳細は後述するが、例えば「おーい、日本の兵隊さーん、侵略戦争に反対しよう」「われわれは捕虜を優待する」等、前線での日本軍に対する呼びかけである[16]。訓練隊だけでなく前線での兵士に対しても習得させ、実際に大声で叫びながら練習をしていた。詳細は後述するが、この日本語スローガンは、八路軍にとって抗日工作上、最も重要なものである。

第三学期では四ヶ月〜五ヶ月かけて学習する。文芸作品、理論的な書籍の読解、翻訳（敵軍公文書・郵便物・新聞）等を行った。この学期では高度なレベルになり、教材も幅広いものを使用している。江によれば、教材は無味乾燥になりがちであるので多様性を持たせる必要があり、論文、詩歌、書簡、旅行記、日記、劇本も使用したという。しかし、第二学期と第三学期の内容の差は相当あり、訓練隊の学生は苦労したに違いない。

導入する日本語書籍は八路軍らしいものであり、小林多喜二の『蟹工船』等の左翼系のものや、国民党支配下の桂林で在華日本人民反戦同盟を結成した鹿地亘が著した『日本人民に告げる』

も使用したという。[17] 多くの日本人兵士は庶民であり共産主義の知識もないのでこれらの日本語書籍も彼等を説得する上では有効である。一九三八年に山西省翼城県で捕虜になった日本兵の吉田太郎は八路軍を通じて小林多喜二の『蟹工船』『飴玉闘争』を初めて読み感銘を受け、これまでだまされていたと気がつき、八路軍に協力し反戦運動を行うようになったほどである。[18]

ユニークな学習では、日本人女性の話法を知るために菊池寛の脚本を使用し「夏に来た人は一人も残らず帰ってしまいましたわ」等を学んでいた。[19] 民間の日本人女性、「慰安婦」、従軍看護婦を捕えた時に対応するためであろう。細かい点を見落とさず教育することが、訓練隊の日本語教育の特徴といえる。

再説するが、多くの日本人兵士は庶民であり共産主義の知識もないのでこれらの左翼的な日本語書籍も彼等を説得する上では有効である。捕虜となった国立華北行政学院教授の鈴木伝三郎によれば「敵軍工作部に図書室が食堂のすぐ隣にあって中国物は勿論日本物、欧米物も相当備えてある。『中央公論』『改造』『文藝春秋』等から幾多の群小雑誌、朝日、毎日、読売から華北新民報、太原新聞と言うようなものに至る迄、月別にきちんと取り揃えてある。単行本に至っては数も種類も限りがない」と証言している。[20] これらの書籍・雑誌は日本留学組が日本から持ち込んだものや日本軍占領地で活動している中共の工作員が送ったものと考えられる。また、第二章でも論じたが内山書店経由も考えられよう。よって、抗日工作に役立つことができる日本語書籍は豊富にあったのである。

2．日本語教育の留意点

訓練隊は短期間で最大の効果をあげるため様々な教育上の留意点を持っていた。ここでも江右書が『八路軍敵軍軍政雑誌』において報告した「敵軍工作訓練隊日文教育的一些経験[21]」に依拠しながら論じることにする。留意点を大別すると「教材」「教授法」「学習」に分けられる。

まず、「教材」であるが、読本、文法、会話が包括されたものであり、必要によっては補助教材も使用された。導入する単語及び単文は実用的かつ日常生活に関係したものである。その理由を学生の興味を引きおこさせ、学習したらすぐに日常生活で用いることができ、その上毎日大声で話すことができるという。読本の文章は、文芸と理論的な文章が適度に入っており一つの方面に偏向のないよう留意され、また、日本問題や敵軍工作に関する文章を選択すべきとしている。ただ、流暢な文章を選ぶべきであり、中国人の書いた文章は適合せず、外国語を翻訳した日本文はより適合されないという。そして、文章の内容の多様性が必要であるが、無味乾燥のものを避け、論文、小説、詩歌、手紙、旅行記、日記、劇本、敵軍の書類、新聞も編入するよう述べている。つまり、敵である日本の軍関係だけでなく、日本そのものを研究するための日本語教育であったといってよい。

文法教材に関しては、口語文法と書き言葉の古典文法を入れているが、学習し始めの頃は理解できないので、量を減らしたり煩雑に学習する必要がないという。また、例文を実用化し、主語と述語、助詞等を詳細にせよと留意している。文法学習中心で行えば、当然、初級学習者は日本語学習が苦痛になることから、このような配慮をしたのであろう。

会話教材に関しては、学習開始時は、字も文法も十分でないので、文を記憶することを重んじるという。学生が多くの文字を覚えたら、口語文法を教えるのであるが、文字と文法の関係を重視しているといえる。さらに、中国語風の話し方を防ぐため教材内に日本の習慣語を多く編入している。

実は、『抗戦日語読本（第一巻）』を見れば、第一課から「銃」「大砲」「軍人」「弾丸」「鉄砲」「機関銃」「飛行機」「手榴弾」等の軍事関係のものが多く出されている。興味深い点は、同書の第一五課で「中国軍のげりら戦法は常に巧妙であります」という日本陸軍特有の「であります」を導入していることから、敵軍の言わば業界表現までも熟知していることがわかる。教材を多種多様かつ幅広く選び、熱心に日本を研究していることがわかる。

次に「教授法」であるが「注入式」で始め、その後は「啓発式」、最後は「自修式」を行った。知識と技能を調和しつつ、最終的には自分で学習できる力を養うことを重点に置いている。「注入式」と「啓発式」は暗記、自問自答、内省を行う儒教的な教育文化である。そして、最後は自分で学習する「自修式」を設け新たな教育方法を行っていることは注目に値する。つまり、現在幅広く提唱されている自律して学ぶということを取り入れていたのである。

前述でも論じたが開始時から特に発音を注意し根気よく直すよう指示している。また、多くの朗読や発音練習の助けを行い、記憶力の強化をするという。直接日本軍に呼びかけることから重視していたといえる。

教える際に日本語の一つの漢字に複数の読み方があることにも言及している。例えば「生」という漢字には「セイ」「ショウ」「ナマ」「キ」「フ」等のように三〇もの読み方があるとし、「掛ワ」「付ワ」「限リ」等は十幾つの意味があるので注意するよう述べている。ただ、「掛ワ」「付ワ」の「ワ」の表記は「ク」の間違いであり、印刷する際に「ワ」と「ク」が似ているため識別できなかったと考えられる。江右書が発表した『八路軍敵軍軍政雑誌』でさえもこのような誤植があることから、中国人にとって片仮名や平仮名は難しかったことがここに露呈されている。

これらに対し、基礎力のない開始時期には多くの説明をすると学生が混乱すると戒め、「外国語を学習する際、殊にその国へ行って勉強できない場合、常に困難を伴う。よって最初に教えた時、全ての手を尽くして学生の自信を高めるべきだ。」と国内で行う外国語教育のハンディを指摘し、そのためには学生の心理状況を重視している。[22] そして、戦意高揚をさせ、教育効果を上げようとしていた。例えば『抗戦日語読本（第一巻）』第一二課のような「抗敵を一年半も続けましたので死傷者は大分出來ましたけれども最後の勝利は必らず我中国のものです。」や「日本軍は非常に鋭利な武器を持って居りますけれども兵士の戦斗意志が弱いので最後には必らず負けます。」という類の例文が多い。

授業以外での教員と学生の気持ちの一体感も強調している。その理由として「第一、教員は学生各々が、翻訳に長けるか、欠点が一体どこにある等その学力の程度を正確に把握できる。第二、癖にならない内に、すぐ学生の誤りを正すことができる。第三、よく学生と日本語で話し合うことによって、その会話が上達になるように助けることができる。第四、学生も自らあなたに近づき、様々な質問ができるようになる。」という。(23) 理想的な語学教育ではあるが、前線でない後方の延安だからこそ可能であろう。

最後に「学習」を見てみる。グループ学習と個人学習を上手く連係することを強調している。その理由として「一、グループ学習を偏重すれば、すなわち比較的に早く進歩した学生は束縛感を覚える、なかなか先に進むことができなくなる。二、個別学習を偏重すれば、比較的勉強が進まない学生は追いつくことができなくなり、しかも進歩した学生とそうでない学生の間の格差がますます広がり、結果的に教える側が困るだけではなく、学生も自信を失ってしまう。」としている。(24) きめ細やかな学習法の管理までしており、おそらく授業以外の時間も学生に指示していたのではないだろうか。そして、毎日の早起きと一時間朗読をさせていた。劉国霖によれば早朝から山の上で大声を出して日本語読本を読み、文章を暗記するのが日課であったとし、「はじめは一気にこれだけ長い文章を話すことができず、何度も何度も声に出して練習した。だから、半世紀を過ぎたいまも忘れることができない」と述べ、小林多喜二の『飴玉闘争』や「日本語反戦スローガン」の一節を未だ忘れず言うことができるのである。(25) 暗記暗唱という中国の伝統的学習法と習慣形成理論の効果が認められたといえる。

日常生活の日本語化を行っている。特別な出来事を除き、学生も教職員も起床、集会、会議等の号令や、通常の会話まで日本語を使用させたのである。つまり、日本語のシャワーを浴びせ続けるのである。劉国霖によれば基礎的な文法教育が修了した後、何回か「生活日本語化」週間が実施されたという。その際、一定時間内は中国語での会話が禁止され、全て日本語を使用しなければならなかったと証言している[26]。訓練隊では「生活日本語化」週間の留意すべき点を「一、余り早く取り上げるべきではなく、簡単な日常会話ができた時点にするのが一番よい。二、始めた時には多少強制的にやるべきだ。三、各方面に対して動員を行うべきだ。四、一日全く話さない学生を防止しなければならない。」と決めた[27]。ある程度のレベルに達成したころを見計らって、全員に対し強制的に中国語を禁止させ、さらに学生の発話量に対しても気遣っていたのである。

「生活日本語化」週間の間、日本人捕虜教員の存在は大きかった。学生が日本語でどのように言っていいのかわからない場合、日本人捕虜の教員の吉積と春田に質問した。劉国霖によれば「時間があれば彼を誘って日本語会話の練習をする。その前に内容をよく準備し、新出の単語もよく調べておいた。」と述べており、予習し、自ら率先して日本人教員と練習していたことがわかる[28]。尚、「生活日本語化」週間は訓練隊に好評であったという[29]。

「生活日本語化」週間以外の時も学生達の熱心さは変わらなかった。同じく劉国霖は以下のように当時の様子を回想している[30]。

辞書を引きながら文章は何とか読めるものの、敵軍工作に必須な会話能力と聴き取り能力がなかった私は、吉積や春田ら教員が一緒に住んでいたヤオトンにしょっちゅう遊びに行って、生の日本語に触れる機会を増やし会話能力を養った。私の日本語は、日本人捕虜に教えてもらったと言ってよい。

劉のように熱心に日本語学習に取り組んだ学生の存在とそれに応えた吉積と春田の姿勢は訓練隊の日本語教育の象徴の一つといえる。教える側である吉積は夜遅くまで訓練隊の学生から質問や練習などで、しごかれていたようである。[31] 日本語教育の経験もなく知識人でもない単なる助教の日本人捕虜の力が、訓練隊の日本語能力向上に大きく貢献したことは注目に値する。あえて語学教育について述べるなら、たとえ教員が教育未経験者でも教授技術の未熟者でも、学生と教員双方が危機感を持って熱心に努力さえすれば語学能力は向上するということであろう。

3．卒業時の翻訳と会話能力

訓練隊一期生は約一年四ヶ月の日本語教育を終えたわけであるが、具体的な日本語能力を論じる必要性がある。江右書の報告による訓練隊一期生の翻訳と会話の教育効果の記録は以下の通りである。[32]

【翻訳】

・理論的文章、敵軍の書類及び新聞等を誤りが少なく翻訳できる者

六五人（四三・三％）

・一般の敵軍の書類が翻訳できるが、誤りが多い者

六三人（四二％）

・簡単な文章しか書けない者

二二人（一四・七％）

【会話】

・自由に日常会話を運用し簡単な理論的な会話ができ、捕虜の教育もできる者

三一人（二〇・七％）

・日常会話も捕虜の尋問もできる者

五七人（三八％）

・簡単な会話しかできない者
五二人（三四・七％）
・話すことが困難な者
一〇人（六・六％）

誤りが多くても少なくても何とか日本軍の書類等を翻訳できる能力を有する者が八五％以上いることから、翻訳能力は高い。これは読解能力も高いといえる。その一方、会話能力は捕虜の教育可能な者が二〇・七％しかいない。現在の日本語教育でも中国人学習者にとって会話能力、特に聴解力を伸ばすことは時間がかかる。前述した一九三八年に毛沢東が指示した日本軍に道理を説くことができるかといえば期待通りではなかったといえよう。

作文能力については「極めて少数の者は短文が書ける以外、ほとんど文章が書けない」という[33]。当時の八路軍の将兵は識字能力が低いが、訓練隊の学生は知識人である。特に書く能力は極めて高度な文化的能力が必要となってくる。そんな彼等でも日本語での文章作成が難しいのである。日本軍に対する伝単等の文の作成を中国人でなく日本人捕虜にやらせるようになったのもこの要因が大きかったのであろう。

江右書もこれらの結果を認め一〇ヶ月程度では一通り文章を書くことはほぼ不可能であるとし、

「教育を進める時、まず翻訳を教えるが常に注意を払うことによって、必要な休みや労働時間以外、全ての時間を学習に使うべきである。このようにすると短期間で大きな成果を収める」とした。[34]学習期間や休暇と労働時間から鑑み、最初から翻訳能力を重視したのである。しかしながら、厳しい学習環境から短期間で学習させた成果は一定以上あったといえる。尚、劉国霖は外国語習得について「一番に環境が大切、二番目に努力、三番目には各人の個性による」と述べている。[35]訓練隊が行ってきた教育方針と重なる部分が多く今日の語学教育のあり方に大いに参考になるのではないだろうか。

【注釈】

（1）徐則浩『従俘虜到戦友 記八路軍 新四軍的敵軍工作』（安徽人民出版社、二〇〇五年）三七頁、劉国霖・鈴木伝三郎『一個「老八路」和日本捕虜的回憶』（学苑出版社、二〇〇〇年）二三頁

（2）藤原彰他編『日中戦争下中国における日本人の反戦活動』（青木書店、一九九九年）一三九頁

（2）同上書 二四〇頁

（4）前掲注（1）書 三七頁。米国が延安に派遣した軍事視察団がまとめた所謂「延安レポート」によれば日本語教育は六〇％であり、政治訓練は四〇％であったという。詳細は、山本武利編

訳、高杉忠明訳『延安レポート　アメリカ戦時情報局の対日軍事工作』（岩波書店、二〇〇六年）五二頁を参照。

（5）大森実『戦後秘史3　祖国革命工作』（講談社、一九七五年）二二一頁

（6）江右書「敵軍工作訓練隊日文教育的一些経験」（『八路軍敵軍軍政雑誌』第二巻第六期国民革命軍第十《ママ》八集団（八路軍）政治部、一九四〇年）三七頁

（7）前掲注(2)書　二四〇―二四一頁

（8）「給一二〇師関於敵軍工作的指示信」（『八路軍敵軍軍政雑誌』第二巻第七期、国民革命軍第十《ママ》八集団（八路軍）政治部、一九四〇年）一一五頁

（9）前掲注(6)書　七三―七八頁

（10）水野晴夫『日本軍と戦った日本兵』（白石書店、一九七四年）四四―四七頁。尚、保谷政治は捕虜になった後、水野晴夫と名乗った。これに関しては保谷のインタビュー記録が掲載されている前掲注(2)書　一一三―一二〇頁を参照。

（11）前掲注(2)書　一七頁

（12）黒田義勝「吉積清についての覚書」（『文化評論』九月号、新日本出版社、一九九一年）一九二頁

（13）同上書　一九二頁

（14）劉国霖・鈴木伝三郎『一個「老八路」和日本捕虜的回憶』（学苑出版社、二〇〇〇年）一八頁

（15）前掲注(6)書　七六―七七頁

（16）水谷尚子「中国で反戦を訴えた『皇軍兵士』たち」（『金曜日』第六巻第四一号、一九九八年）三四頁

(17) 前掲注(2)書　二四一頁
(18) 同上書　四四頁
(19) 同上書　二四一頁
(20) 鈴木伝三郎『延安捕虜日記』(国書刊行会、一九八三年)一一六頁
(21) 前掲注(6)書　七三—七八頁
(22) 同上書　七五頁
(23) 同上書　七七頁
(24) 同上書　七七頁
(25) 前掲注(2)書　二四一頁
(26) 前掲注(14)書　二三頁
(27) 前掲注(6)書　七八頁
(28) 前掲注(14)書　二三頁
(29) 同上書　一二頁
(30) 前掲注(2)書　二四一頁
(31) 前掲注(5)書　二一一頁
(32) 前掲注(6)書　七四頁
(33) 同上書　七四頁
(34) 同上書　七四頁
(35) 前掲注(2)書　二四二頁

第六章　前線部隊での日本語教育と戦場の日中文化交流

1．前線部隊の日本語教育

卒業した訓練隊の学生は前線等に派遣され日本語教育や抗日工作等の任務に就いた[1]。第一期生の劉国霖によれば「前線にも多くの敵軍工作幹部を育成するために、日本語訓練隊を開くことになり、私は前線の野戦政治部に派遣され、日本語教育工作に従事した。」と述べている[2]。一九四〇年五月、卒業生一五〇名の内、五〇名程度が延安の軍委二局、軍政学院、総政治部敵軍工作部等で工作活動を行い、一〇〇名程度の者は華中、華北の前線の部隊に派遣されたのであった[3]。

劉は敵軍工作の幹部育成の日本語教育を行ったが、前線ではそれ以外を対象とする日本語教育も行われた。米軍の軍事視察団のレポートによれば、表7の通り大きく四種類の者達への教育が実施されていたのであった[4]。ここからはそれに依拠して論じることにしよう[5]。

まず、敵軍工作者を見てみよう。師団、旅団を始めその他の軍事地域にそれぞれ三〇名～七〇名

表 7. 八路軍の前線部隊での日本語教育

	日本語教育の内容
敵軍工作者	日本語スローガン、簡単な会話、歌、日本文
戦闘員	短文の日本語スローガン、短い歌
看護師	日本人捕虜を慰安する日本語
人　民	日本語スローガン

【出典】 山本武利編訳『延安レポート』（岩波書店、2006 年）652 頁より酒井作成

のクラスで開講した。新しい幹部養成か古い幹部の何れかのクラスを設けて行った。当時、前線では幹部が不足していたため、それを解消するための機能も持っていたのである。古い幹部の教育はブラッシュアップといってよいだろう。政治クラスでは、訓練隊同様、日本語教育以外に政治教育もあり、敵軍工作の重要性や日本問題一般を議論する。そして、ほとんどの受講者は敵軍工作の意義や重要性、その方法や原理を把握していた。日本語教育の内容は表7の通りであるが、他の三つの学習対象者よりも教育内容は多い。僅か一ヶ月の教育期間で、日本語スローガンの数は四〇～五〇、歌の数は二～三、日本文は約一〇〇、簡単な会話までを、最前線の戦場で学ぶことは厳しいものであったと推測できる。よって、訓練隊と違い高度な日本語教育は行われていないといえる。

戦闘員について見てみよう。週に一～二時間、教育を行っていた。日本語教育以外に政治教育もあり、その内容は敵軍工作、捕虜に対する教育方針や前線の規律教育であった。これらは戦闘前後の動員集会で行われた。その理由を実際の経験から教訓を引き出すためである。日本語教育は敵軍工作者よりも低いレベルである。短文の日本語ス

ローガンの数は一〇、そして、いくつかの短い歌を学習させている。歌は、最初に宣伝部隊に教えられ、その後、軍隊に伝授する。八路軍にとって歌は非常に重要な要素であると共に日本人捕虜との間で興味深い文化交流が行われていたのであった。これについては次節で論じる。これらのスローガンと歌は、朝夕毎日の点呼の時に繰り返し練習することから、反復練習を重視していたといえる。また、幹部に対して定期的に試験があったという。その理由を真面目に学ばせるためというが、つまりは日本語学習に対し真面目に取り組んでいない幹部がいたということであろう。

趙新利によれば一一五師団六連隊が一番上手く日本語教育を行っており、その方法は以下の通りである[6]。

（A）一般兵士に対する教育。毎週土曜日の文化科目の時間を利用し、文化教員が日本語スローガンを教えると規定する。

（B）工作に対する教育。毎週大体本部に来てもらい、三回の授業を受ける。その中の二回は日本語の授業である。実習幹部が教える。

（C）中隊の文化教員と副指導員に対する教育。毎週大体本部に二回来て授業を受ける。教材は『日語速成教材』である。実習幹事が教える。

将兵だけでなく看護師[7]にも日本語教育を行っていたことは注目に値する。八路軍の各前線部隊には幾人かの応急手当てをする看護師がいた。負傷した日本人捕虜と接する機会があるので日本語が必要となってくるのである。具体的な教育内容は不明であるが、修得した日本語で負傷した個所や病状を聞き出すだけでなく精神状態が不安定な捕虜を安心させるためであろう。弱った心理状態の時に、敵とはいえ女性看護師がやさしく日本語で話しかけてくれば、ある程度八路軍に対する警戒心が解け、彼等の思想に漸次に感化させられた者もいたと推測できる。

人民に対しては八路軍の意義や本質を理解させ全ての捕虜を厚遇しその内の幾人かを人民の村に賓客として迎えるように教育することが目的であった。そのためには、日本語教育が重要であり、その結果、ほとんどの者が二、三の日本語スローガンが言えるようになったのであった。また、人民の幾人かは日本語の歌を二、三覚えたという。ただ、敵軍工作者、戦闘員、看護師と違い本格的に日本語教育が実施されたかどうかは疑わしいといえる。

2. 日本語反戦スローガン

表7でもわかるが、敵軍工作者の幹部も戦闘員も日本語スローガンを学んでいる。再説するが、これは前線での日本軍に投降を呼びかける反戦スローガンである。八路軍が以下のようにこれを戦略上有効と考えた(8)。

文書ヲ以テ宣伝スルノ外兵員ニ日本語ヲ習得セシメ戦場ニ於テ簡単ナル日本文標語ヲ叫バシ

ムベキナリ　広陽戦闘ノ際我ガ軍ニ包囲セラレタル敵兵ニ対シ以上ノ方法ヲ採ラシメタルニ敵ハ直チニ武器ヲ放棄セリ　戦地ニ於ケル日本語ノ必要且効力ノ大ナルヲ証明セルモノナリ

広陽戦闘とあるが、これは一九三七年一一月四日に起こっており、八路軍の一部少数の将校が日本語能力を有していたため、この日本語を使用して日本軍の捕虜を獲得したのであった。趙新利によれば、八路軍では既に一九三七年九月の平型関の戦闘以降から日本語スローガンの教育が行われていたが、この広陽の戦闘を機に日本語スローガンを学習するブームが起こったという[9]。また、伝単によるスローガンも教育され作戦に実行された。

以下の口頭によるスローガンは二日間で修得させ「抗戦勝利ノ必須条件ナリ」と位置づけており、八路軍にとって重要な日本軍瓦解の武器でもあった[10]。

一、日本下士兵ノ兄弟
二、諸君等ヲ打タズ
三、侵略戦争ニ反対ス
四、日本帝国主義ヲ打倒ス
五、「ファシスト長官」ヲ打チ殺セ
六、民国ノ兄弟達ハ殺害セズ

七、我ガ軍ハ日本下士兵ヲ殺害セズ
八、我ガ軍ノ敵ハ日本軍閥ナリ
九、帰国ヲ要求セヨ

これらのスローガンは、短文かつ二日間という短い時間で戦闘員に対する教育には適切である。また、毎日の点呼の時、これらのスローガンを繰り返し定着させ、そして、八路軍はこれらの書き取り練習が言語練習にふさわしいと評価している。(11) ここでも習慣形成論に則った練習をしていることがわかる。

日本人捕虜も日本語教師として前線での日本語スローガンの教育に協力した。例えば、水野春夫の事例を見てみよう。当初、水野は日本語教師として直接軍隊に教えることに躊躇しており、いざ泰山の部隊に派遣された際、「私が今参加しようとしている日本語教育は、ただの日本語教育ではないようであった。それは当時の八路軍にとっては、どうやら基本戦略の重要な一環であるらしいことが、はじめて察しられた。」と述べている。(12) 八路軍側は対日戦略上、日本語のスローガン教育の重要性とその狙いを水野には伝えていなかったのである。教育期間は一ヶ月であり、目的は日本軍と日本の居留民に対し呼びかけるものと聞き、水野は「正直なところ、私には、日本軍に下手な日本語で呼びかけてみたところで、大した効果があるとは、とてもおもえなかった。児戯に類する思いつきを大して出ていないように思われてならなかった。」と思い、自ら捕虜になった際、その下手な日本語を発話している八路軍の兵士が朝鮮人と思っただけであり、逃げることだけを考えていたという。[13] しかし、結局は協力することとなり、いくつかの言葉を選んで、二〇〜三〇種のスローガンを作り、五〇音一覧表と併せて五〜六頁の冊子を作成し、八路軍の兵士に口写しで教えることとなった。[14] 水野が教えたスローガンは以下の通りであるが、前述のものとは違う。[15]

オーイ、日本の兵隊さん、銃をすてて、出てこい
オーイ、日本の兵隊さん、銃をすてて出てくれば殺さない。安心して出てきなさい
オーイ、日本の兄弟たち、君たちの家族は家でまっているぞ
オーイ、日本の兵隊さん、私たちは八路軍だ。殺さないから出てこい

前述のスローガンよりも長文であるものの、日本軍兵士を刺激しないよう配慮された内容であることがわかる。

水野は自分が捕虜となった時に呼びかけられたスローガンを自分が八路軍に教えることに奇妙な縁を感じつつも「私自身、こうした呼びかけによって救われたわけでは決してなかった。しかし、もしかりに、こうした呼びかけがキッカケとなって、一人でも二人でも日本人の命が救われることがあるとすれば、それはそれとして結構なことかもしれない。私は、大声でスローガンを読みあげながら次第にそんな気持ちにかたむいていった。」と心境の変化を述べている。[16] 日本人捕虜が教材

表 8. 大本営陸軍研究班が分類した八路軍のスローガン

基本的口号	補助語
一. 日本ノ兵隊サン	一. 我等ノ戦列ニヤッテ来イ
二. 銃ヲ渡セ殺サナイ	二. 我等ハ日本兵士ヲ殺サナイ
三. 捕虜ハ優遇スル	三. 日本軍閥コソ君等ノ敵ダゾ
四. 負傷者ハ病院ニ入レルゾ	四. 支那ハ日本人民ノ敵デナイゾ
五. 我等ノ敵ハ日本軍閥ダ	五. 生命ヲ大事ニセヨ
六. 支那ノ兄弟ヲ殺スナ	六. 日本軍閥ノ犠牲ニナルナ
七. 侵略戦争反対	七. 死ヌナ－－傷ツクナ－－戦ウナ－－銃ヲ棄テロ
八. 「ファッショ」上官ヲ殺セ	八. 支那遊撃隊ニ合流セヨ
九. 日本帝国主義ヲ打倒セヨ	九. 侵略戦争ヲ革命ニ転化セヨ
十. 帰国ヲ要求セヨ	十. 日本兵士兄弟連合万歳

【出典】（JACAR Ref. C11110754700）「第 2　支那側の我が軍隊に対する思想工作の状況」（大本営陸軍部研究班『支那事変の経験に基づく無形戦力思想関係資料（案）』1941 年）第 0363 画像より酒井作成

を作成し、それを八路軍の兵士と共に大声で叫ぶことによって、捕虜は日本帝国主義打倒の心境になっていくのである。敢えて言うならばこのスローガンは日本人捕虜自身にも向けられたものでもあったといえよう。

一方、日本軍は八路軍のスローガンを意識していた。大本営陸軍研究班は、表 8 のように「基本的口号」と「補助語」に分類している。

内容的に前述した二日間で修得させる「抗戦勝利ノ必須条件ナリ」や水野が教えたスローガンに重なる箇所も多いが、「補助語」においては「8．支那遊撃隊ニ合流セヨ」「9．侵略戦争ヲ革命ニ転化セヨ」等と具体的に八路軍への参加や革命への指示を述べていることは興味深い。しかし、戦闘中にいきなり、これらを言われたとしても日本将兵の反発は大きかったのではないだろうか。

では、これらスローガン教育を含む前線での日本語教育の効果はあったのだろうか。水野は「兵隊たちの区切りと抑揚は、なっていなかった」と評しているように日本人の視点からはイントネーションが完璧ではなかった。[17]しかし、一九四一年六月三〇日の『解放日報』によれば、八路軍の中では日本語の歌がよく聞こえるとし、三ヶ月前までは何も知らない農民の兵士が日本語の仮名だけでなくスローガンも日本語の歌も歌えるようになったと報道している。敵の言葉と歌を使用することが日常化となっていることは注目に値する。しかも、当時の八路軍の中国語の識字率が低く、決して教養があるわけでないことを考えれば、高い教育効果であったといえよう。

ただ、戦場で「抗戦勝利ノ必須条件ナリ」のスローガンを発話する際、注意を要するものであった。劉国霖の戦闘経験から以下のように回想している。[18]

戦闘中や戦闘後に「君たちは包囲された。抵抗するのは無駄な犠牲だ」「止まれ」「手を挙げろ」となどと叫んでも、効果はないばかりか逆に日本兵は最後の一人になるまで戦おうとするので危険だ。もっと穏やかに「おーい、日本の兵隊さん。八路軍は捕虜を殺さない。兄弟として取り扱う」と言ったほうが、彼らはおとなしくなる。そんな基礎的知識が教育された。

日本兵を刺激しないよう、大人しくさせるような言い方が重要であったのである。また、大本営陸軍部研究班の記録によれば、八路軍はスローガンを叫ぶ際、「前線ニ於テ我ガ軍ガ包囲スル敵兵ニ対シ言葉ヲ掛ケルコトハ極メテ有効ナル宣伝方法ノ一ナリ」とし、「原則トシテ戦闘開始ノ際ハ口号ヲ叫バズ敵陣地動揺ノトキ口号ヲ叫ブコト最モ効果的ナリ」と述べている。[19]つまり、戦闘中は興奮状態にあり、聞く耳を持たないので、タイミングを見計らい、動揺している心理状況を狙い、戦意喪失をさせるためであったと考えられる。さらに、以下のように留意し実施するよう教育していた。[20]

敵ハ我ガ口号叫喊ニ対シ（一）密集射撃ヲ以テ我ガ方ノ口号、伝播ヲ不明瞭ナラシム（二）口号叫喊ノ方向ニ向ツテ火力ヲ集中ス（三）毒瓦斯ヲ放射スル等ノ方法ヲ用フルヲ以テ我々ガ口号ヲ叫ブ場合ハ自己ノ身体隠蔽ニ注意シ、敵ガ密集射撃又ハ毒瓦斯ヲ放射スルニ至ラバ口号叫喊ヲ停止スベキナリ

口号ヲ明瞭ニ伝播セシムル為前方ニテ口号ヲ叫ブトキハ後方ハ射撃ヲ停止スベク又大勢ノモノガ一斉ニ叫ブコトハ禁物ナリ。蓋シ大勢ノモノガ一斉ニ叫べバ却ツテ先方ノ聴取ヲ不明瞭ナラシムルニヨリ寧ロ一人ヅツ叫ブヲ良トス

八路軍が叫ぶスローガンに対抗するため日本軍は射撃だけでなく毒ガスまでも用いていたことがわかる。日本軍の兵士の士気に影響するため、何とかスローガンをかき消したい上官の焦りを感じよう。八路軍側はいつ、どのようにスローガンを発し、中断するのか事細かく指導していたことは注目に値すべき点である。

では、伝単のスローガンを見てみよう。表9にその一例を記すが、資料にはスローガンによって、漢字片仮名文と漢字平仮名文に分けられている。これらを概して大別するならば「家族や故郷等を思い出させ情に訴えるもの」、「反軍閥・軍国主義・政治を訴えるもの」、「日本の現況を報告し憂慮感を増幅させるもの」、「中国共産党に好意を抱かせ協力を呼びかけるもの」、「中国の強さを訴えるもの」、「その他」となる。

　初級レベルの短文、文法から上級レベルまでのそれがある。中には日本人捕虜の名義もあり、日本人捕虜の手で書かれたと思われるのもある。「日本の現況を報告し憂慮感を増幅させるもの」の中には現実的でなく誇張したものもあり、八路軍の諜報活動の一端が見て取れる。厭戦気分を増幅させるスローガンが多く、八路軍はそれについて「日本兵士ハ彼等ノ故郷、父母、妻子ヲ離レテ異郷ニ来リ食ウモノ住ムモノ悉ク不自由ニテ就中戦争ノ長期性ハ日本兵士ノ思郷厭戦気分ヲ益々強メ来ルハ必然ナリ」としている(21)。

　八路軍は日本文に一定の注意を払っていたようである。戦場で伝単を壁や樹木、岩に貼り付けて日本兵の投降を促すのであるが、この伝単が引き裂かれないよう注意すべきとし、以下のように述べている(22)。

　日本文ハ一、二字ノ書キ損イニ依リ文ノ意味ヲ不適ナラシメ、甚ダシキニ至ッテハ反対ノ意味トナル。例エバ晋東南区ニ於テ「俘虜ヲ殺サズ」ヲ一字脱カシタル為「俘虜ヲ殺ス《ママ》」ト書キ

表 9. 日本兵を目標とする伝単のスローガン

「家族や故郷等を思い出させ情に訴えるもの」
○うつな！君等の打ち出す弾は飢えた父母兄弟の血だ！肉だ。 ○父母妻子ヲ泣カセルナ、故郷へ帰る為に抗戦セヨ ○お父ちゃん早く帰ってきて、大将や中将は皆凱旋しました ○兵隊にも家族はあるぞ　一年以上の従軍は志願兵だけにしろ ○何の為に父母を悲しませるか？暴力で軍人を倒せ！軍需資《マ》料家《マ》共を倒せ、野垂れ死をやめて父母を救え
「反軍閥・軍国主義・政治を訴えるもの」
○オ前等ノ敵ハ日本軍閥ダ ○日本兵士諸君よ！軍閥と財閥との為に犬死するな 銃口を後ろに向けよ ○防共とは之だ戦友の屍を埋めた土の上に軍部と馴れ合いの軍需成金どもが会社を建てる ○帝国主義侵略戦争ニ反対セヨ ○資本家、地主、軍閥、「ファシスト」ニ欺サレテ犠牲スル勿レ ○銃口ヲ転ジテ軍閥「ファシスト」ニ向ケヨ ○日本帝国主義ヲ倒セ ○「台湾同胞ニ告グ」ト題シ「台湾同胞よ祖国は敢然矛を取って立った、諸君の祖国たる中国と共に立て東洋和平幸福を阻害する日本軍閥、日本帝国主義を打倒せよ！」 ○陸軍第三師軽重兵香河正男、陸軍軍属田畑作造名義ニテ「我等兄弟ニ知ラス」ト題シ「我々ハ新四軍ノ優遇ヲ受ケテイル武器ヲ捨テテ新四軍ノ方へ逃ゲテ来タマへ軍閥ノ手先ニナッテ犬死ニスルナ」
「日本の現況を報告し憂慮感を増幅させるもの」
○内地は応召拒絶、反戦「ストライキ」だ、銃を捨てて即時平和を要求せよ ○内地は応集解除要求で騒いでいる「デマ」か本当か不穏の話が物凄く飛んで来る ○日本全国に反戦のあらし「ストライキ」各地に興り軍事機関放火事件勃発す ○貴族院で菊地男爵は板垣に云う「国民の噂は悪い、上官はよく帰還交代する昇級、叙勲の恩典の皿回しだと」…兵隊は？…諸君の犠牲は…家庭の悲嘆と暗黒を…

○「国家総動員ノ全面的実施」ノ題下ニ 親が取られても可愛い息子が戦死しても仕事がなくなっても、生活難に苦しんでも、日用品に不足しても激しい労働を嫌ってみても総動員法の鉄則の前には一言の不平を許さない…此の法案を定めたのは誰だ…日本人を奴隷化したのは誰だ…
「中国共産党に好意を抱かせ協力を呼びかけるもの」
○中日兵士ハ兄弟ダ ○日本労働大衆及被圧迫中国民族団結セヨ ○中国紅軍ハ日本労農人民ノ戦友ナリ ○中国紅軍ハ世界無産階級ノ武装ナリ ○中国紅軍ハ俘虜ヲ殺サナイ ○日本兵士ハ世界平和ノ為ニ戦フ中国紅軍ニ参加セヨ ○日本人民戦線ヲ建設セヨ ○万国ノ無産階級及被圧迫民族団結セヨ ○日本労農大衆及中国民族解放万歳 ○中国民族解放ハ日本労農人民解放ノ助力ナリ ○中国紅軍及「パルチザン」ニ参加セヨ ○日本労農人民ノ民主政府ヲ建設セヨ ○「独蘇不可侵条約」締結ニ対シ「防共の欺瞞宣伝遂に暴露、果然！反共公約破滅に帰す、？日本労農者大衆大覚醒の秋」
「中国の強さを訴えるもの」
○人口多ク土地広キ中国は滅し得ヌョ！ ○中国人ハ絶対ニ屈伏シナイゾ
「その他」
○春！楽しい春が来た諸君の楽しかった過去を思い出して見よ、そして現在と比べて見よ！自由平和の訪れぬ限り諸君の春は永遠に来ぬぞ ○覚悟アル日本兵ハ武器諸共ヤッテ来給へ

【出典】（JACAR Ref. C11110755000）「附録　其ノ三　支那側文書宣伝ノ事例」（大本営陸軍部研究班『無形戦力思想関係資料第二号　支那事変ニ於ケル支那側思想工作ノ状況』1940 年）　第 0423 画像–第 0427 画像より酒井作成

表 10. 八路軍による日本兵捕虜数と投降者数

	1937年9月～1938年5月	1938年6月～1939年5月	1939年6月～1940年5月	1940年6月～1941年5月	1941年6月～1942年5月	1942年6月～1943年5月	1943年6月～1944年5月	1944年6月～1945年5月	1945年6月～1945年10月11日	総計
日本軍捕虜数	124	385	689	326	284	296	303	562	2,127	5,096
投降数	—	—	19	12	16	23	45	68	527	710

【出典】 郭化若編『中国人民解放軍史大辞典』（吉林人民出版、1993年）1393頁より酒井作成

タルガ如キ是ナリ斯カル粗忽ハ十分留意スベキナル（後略）

日本兵の捕虜獲得が重要な任務の一つであったため、一文字違いで意味が正反対になることは大きな問題であった。戦場での敵軍工作者に対しこのような日本文の注意すべき点の教育を行っていたことは注目に値する。

問題は戦場で日本人捕虜が増加していったかどうかである。八路軍側の記録である表10を見てみよう。一九四五年六月～同年一〇月一一日の時期に捕虜数は飛躍的に増加している。これはポツダム宣言を受け入れた日本軍の武装解除が要因であると考えられる。一九三九年六月～一九四〇年五月の時期まで順調に増加している。その後、減少するものの一九四三年六月～一九四四年五月の時期から再び増加していく。投降であるが、一九三七年九月～一九三八年五月の時期と一九三八年六月～一九三九年五月の時期は統計がない。おそらく一人も捕獲できなかったであろう。しかし、それ以降は少

写真 9.　日本軍捕虜の尋問を通訳する趙安博（右から 3 番目）

大森実『戦後秘史 3　祖国革命工作』（講談社、1975 年）

数であるが増加傾向となる。日本軍はどのように感じていたのであろうか。一九四一年当時の大本営陸軍部研究班は、戦闘中のスローガン戦略については「新手ノ口頭宣伝ハ今後更ニ増加スベキモ未ダ是ガ反響ト見ルベキ事例ヲ認メズ」としていたが[23]、その後危機感を感じるようになっていく。

一九四三年、北支部派遣憲兵隊司令部は「志気ノ弛緩、攻撃精神ノ消磨等ニ起因シ敵側ノ諸略宣伝ニ眩惑セラレ易キヲ求メテ敵ニ奔リ或ハ尽スベキ所ヲ尽サズシテ敵手ニ身ヲ委ネ以テ全軍ニ対シ戈ヲ逆ニスルカ如キハ悪質モ亦極マレリト謂フヘク其ノ非万死ニ値スベシ」と述べている[24]。そして、さらに以下のように警戒と憂慮を述べている[25]。

然ルニ北支ニ於ケル奔敵事犯ハ昭和十《ママ》六年ニ発生ヲ見タルヲ嚆矢トシ本年ハ十《ママ》一月現在既ニ二十六件ニ達シ真ニ寒心ニ堪エザル現況ニ在リ特ニ事

犯極メテ悪質化シ敵側ノ思想策動ニ乗セラレ乃至ハ之ニ共鳴シ自ヲ進ンテ敵ニ投シタル上利敵行為ヲ敢行スルニ至ルモノ多キハ最モ注意ヲ要スルトコロナリ戦局ノ弥久拡大ト中共ノ思想策動活発化ニ伴ヒ之カ事犯発生ノ素因ハ今後漸ク其ノ多キヲ加ヘンコト予見セラル

日本軍は捕虜と投降の増加を問題視しており、兵士の厭戦気分及び八路軍の抗日工作に警戒心を持っていた。「中共ノ思想策動」、つまり日本語スローガンや日本語の伝単による呼びかけ、住民を通じた日本軍への宣伝品の差し入れ等の様々な抗日工作である。前述した通り日本軍はスローガンを兵士に聞かせないため射撃や毒ガスまでも用いたほどであった。やはり、これらの工作の効果はあったといえよう。

この後、結果的に日本が目指した「大東亜共栄圏」構築の夢は瓦解してしまうが、その大きな要因の一つが、中共が全軍を挙げて行った日本語教育及び日本文化等の研究であったのである。

3．戦場の日中文化交流

前線の八路軍の兵士が日本語の歌を創り学んでいたことは大本営陸軍研究班も注目をし、警戒していた。では、彼らがどのような歌を学んだのであろうか。当時の日本の庶民なら誰もが知っている歌を替え歌にしたものから独自に創作したものまである。まずは、以下に記した『草津節』、『旅傘道中節』、『酋長の娘節』を見てみよう[26]。

＊『草津節』の替え歌（八路軍の題名は『我等ノ行ク道』）

兵士兄弟第八路軍ニオイデ、ドッコイショー
同志諸君ハコーリヤ、歓迎スルョ
チョイナ　チョイナー

一層我等ハ八路軍ノ捕虜ニ、ドッコイショー
絶対命ハ、コーリヤ、取リハセヌョ
チョイナ　チョイナー

兵士兄弟八路軍ニオイデ、ドッコイショー
侵略反対ノ、コーリヤ、軍ニ成ルョ
チョイナ　チョイナー

「ファッショ」軍閥ナイ様ニスレバ、ドッコイショー
労働農民ノ、コーリヤ、国ニナルョ
チョイナ　チョイナー

＊『旅傘道中節』の替え歌（八路軍の題名は『戦争ハツライ』）

夜ハ冷タイ戦争ハツライ、国ニ帰ロウヨ戦争ヤメテ
親ト子供ノ膝元へ

戦争スルノハドナタノ為カ、ブルニ軍閥フ《ママ》クラス為ニ
我ガ労働者ノ為ヂヤナイ

ブルニ軍閥戦争ガスキヨ、労働者農民ハ戦争ハイラヌ
日本軍閥打チ倒セ

若シモ戦死ヲスル様ナ時ハ、国デ親子ハドウシテ食フカ
止メヨ兄弟戦争ヲ

＊『酋長の娘節』の替え歌（八路軍の題名は『八路軍ノモトへ』）

吾等ハ皆ンナ労働者ヨ　只今眼覚メテ銃ヲバ捨テヨ
貴男ガ捨テルナラ私モ捨テル
吾等ノ行ク道八路軍ノモトへ

行コウョ　行コウョ　八路軍ノモトヘ
皆ンナ手ニ手ヲ取リテ行カウョ
日本軍閥「ファッショ」ヲ倒シ平等自由ノ国ニシマショウ
泣カスナ泣カスナ我等ノ家族　早ク家族ノ笑顔ヲ見ヨウ
イツモノ戦誰ノ為ダ　軍閥アルノ為デハナイカ
吾等ハ八路軍ト手ヲ取リテ　倒セヨ軍閥ト「ファッショ」ヲ
行コウョ　行コウョ　八路軍ノモトヘ
ヤガテ来ルョ吾等ノ世界

日本の大衆が愛するメロディーの中に「反戦、反侵略、反ファシズム」の強いメッセージ性がある。労働者・農民階級を強調し同じ仲間であること強調し、八路軍に勧誘している。また、家族の話を用いることでホームシックにさせ、銃後の日本で家族がどのように暮らしているか不安な心情にさせている。さらに、この戦争の無意味さ、共通の敵は軍閥であることも訴えているのである。

次に替え歌でなく、独自に創作した歌を見てみよう(27)。

＊『我等ノデカンショ節』

戦争ヲナクスノガ我等ノ主義ヨ　ヨイヨイ
無クセ侵略戦争ヲ　ヨイヨイ　デッカンショ
資本家軍閥我等ノ敵ヨ　ヨイヨイ
倒セ軍閥ト資本家ヲ　ヨイヨイ　デッカンショ
戦争スルノドナタノ為カ　ヨイヨイ
ブルト軍閥ノ為バカリ　ヨイヨイ　デッカンショ
侵略戦争ハ帝国主義ヨ　ヨイヨイ
我等無産者ハ平等主義　ヨイヨイ　デッカンショ
資本家フクレル労農ハヤセル　ヨイヨイ
コレモ戦争ガアル為ニ　ヨイヨイ　デッカンショ

基本的に歌の内容は階級闘争をも含めた「反戦、反侵略、反ファシズム」であり前述の替え歌と同じといえる。ここで着目すべき点は「デカンショ節」を用いていることである。「デカンショ」の語源・由来は様々な説があるが、木綿糸を紡ぐ糸車の音、篠山地方の丁寧なことば（「デコザンショ」）、「デ」はデカルト、「カ」はカント、「ショ」はショーペンハウエルのこと等がある。(28) 一八九九年頃から一高の学生の間で流行り、この歌を歌いながら寄宿舎の寝室を暴れ廻って起こしたりする、「ストーム」をしていたという。(29) 敵軍工作に関わった日本留学組の趙安博は、戦後、一高時代の寮歌「デカンショ　デカンショで　半年暮らしゃ、あとの半年しゃ寝て暮らす！」と回想している。(30) よって、敵軍工作隊の日本留学組がこの歌の創作に関わった可能性は十分に考えられ、日本で体験したあらゆるもの、しかも明治期から伝承されている文化を取り入れて敵軍工作に役立てていることは注目に値する。

八路軍から日本語の歌を教えられた日本人捕虜もいた。一九四〇年、石太鉄道沿線地区の警備中に八路軍の襲撃を受け捕虜となった香川孝志は江右書から北原白秋の『からたちの花』を教えられ、中国人と一緒に合唱したことを思い出すと胸が暖かくなってくると回想している。(31)

歌は日本人捕虜だけでなく前線の中国人将兵の心情を慰める役目も果たした。日本人捕虜は望郷の念を募らせ、八路軍兵士は肉親や友人と離れ、娯楽もない厳しい前線での長期生活に不安感と寂寞の想いが強くなっている。そういった前線で八路軍兵士と日本人捕虜は週に一度慰労会を開催し、一緒に酒を交わしながら歌い踊り騒いだ。(32) 日本人捕虜から一曲歌うよう指名された中国兵は捕虜が中国語を理解できないので日本語の曲を歌い、両者にとって慰労会は最高の気分転換であり最大の楽しみだった。(33) 劉国霖によれば、捕虜から『丘を越えて』、『夜霧の波止場』、『木曽路』等知らない日本語の曲を教えてもらい、いまだに多くの歌を忘れず覚えているという[34]。歌を通して、敵対同士の反感感情は消滅し、微笑ましい日中歌合戦が行われていたのであった。尚、その他にも日本人捕虜と八路軍兵士が二人ペアになって、四人一組で行う「百点」というトランプゲームをして楽しんだという[35]。

日本人捕虜は野球までも八路軍に教えていた。日本人捕虜はボールやバットを始め全て手製で道具を作り、野球を行っていた。彼らが野球を楽しんでいる様子を第一二九師長の劉伯承が興味を持ち、八路軍の将兵にも広げ、そして日本人捕虜と八路軍で日中親善野球を行ったのである。ただ、日本の野球用語は外来語であるため、どのように中国語に翻訳するかが難しく、結局は「ストライク」を「好球」と訳し、審判に言わせたという[36]。尚、現在の中国野球界でもこの「好球」が使われている。

日本のお家芸である柔道も教えている。香川孝志によれば、八路軍の保安隊から頼まれ同僚の山室繁を助手にして教えるのだが、畳がないことを指摘すると、保安隊は草を集めてその上にマットを敷いて準備したという[37]。そして、香川は以下のように回想している[38]。

（前略）まず柔道の型から教えた。投げの型、極めの型などを教え、「柔道というのは字の示すとおり、大切なのは取りよりも受けだ」というわけで、受け身なども熱心に教えた。もちろん柔道着はないので、普通の服装の上になわで帯をしめた格好であった。ひと月ほども通ったであろうか、非常によろこばれた。

軍事訓練の意味合いもあったと考えられるが、そこに昨日まで命の遣り取りをした緊迫した関係は見られない。日本軍兵士から日本の「大東亜共栄圏」構築の野望が瓦解した瞬間であったといえよう。

ただ、八路軍はこういった文化交流を楽しむだけでなく、捕虜獲得を改善するために冷静に分析していたことを見逃してはいけない。前述の「反戦、反侵略、反ファシズム」の歌は捕虜教育等で歌うにはいいが、「天皇の赤子」として「大東亜共栄圏」建設のために戦っている日本軍に対する工作や捕えたばかりの捕虜に歌わせるには思想対決となり反感と嫌悪感を与えてしまうと判断した。よって、前述した『旅傘道中』を替え歌にし「夜は冷たい　戦争は辛い　くにへ帰ろうよ　戦争をやめて親と子供の膝元へ」と、教条的でなく浪花節の文化を理解し創作し歌わせたのである。[39]これは、前線でのフィールドワークを基に敵の文化を徹底した分析をし、巧みに実践していたといえよう。そして、これらの歌は八路軍の兵士だけでなく日本人捕虜も歌い日本軍へ投降を呼びかけたのであった。

では、前線の日本軍の将兵は中国文化や中国語の歌をどのぐらい学習していたのであろうか。おそらく、八路軍よりも劣っていたであろう。ここに「大東亜共栄圏」建設の限界が見えてくるのである。

【注釈】

（1）「給一二〇師関於敵軍工作的指示信」（『八路軍敵軍軍政雑誌』第二巻第七期、国民革命軍第十八集団（八路軍）政治部、一九四〇年）一一五頁
（2）劉国霖・鈴木伝三郎『一個「老八路」和日本捕虜的回憶』（学苑出版社、二〇〇〇年）二六頁
（3）徐則浩『従俘虜到戦友記八路軍　新四軍的敵軍工作』（安徽人民出版社、二〇〇五年）三六頁
（4）山本武利編訳『延安レポート』（岩波書店、二〇〇六年）六五二―六五三頁
（5）同上書　六五二―六五三頁
（6）趙新利「日中戦争期における中国共産党の敵軍工作訓練隊―八路軍に対する日本語教育の開始とその本質―」（『早稲田政治公法研究』九四巻、二〇一〇年）七頁
（7）前掲注（4）書では「看護婦」と記されていることから、男性看護師ではなく女性看護師のみ所属していたといえる。
（8）（JACAR Ref. C11110754900）「附録　其ノ二　支那共産軍ノ対日本軍思想工作要領」（大本営陸軍部研究班『無形戦力思想関係資料第二号　支那事変ニ於ケル支那側思想工作ノ状況』一九四〇年）第〇四〇〇画像
（9）趙新利『日中戦争期における中国共産党の対日プロパガンダ戦術・戦略』（早稲田大学大学院政治学研究科博士論文、二〇一一年）八〇頁
（10）前掲注（8）書　第〇三九五画像
（11）前掲注（4）書　六五二頁
（12）水野晴夫『日本軍と戦った日本兵』（白石書店、一九七四年）九二頁
（13）同上書　九二頁

(14) 同上書　九三頁
(15) 同上書　九三頁
(16) 同上書　九三頁
(17) 同上書　九三頁
(18) 藤原彰他編『日中戦争下中国における日本人の反戦活動』（青木書店、一九九九年）二七三―二七四頁
(19) 前掲注(8)書　第〇四〇八画像―第〇四〇九画像
(20) 同上書　第〇四〇九画像
(21) 同上書　第〇四〇五画像
(22) 同上書　第〇四〇八画像
(23) (JACAR Ref. C11110754700)「第2　支那側の我が軍隊に対する思想工作の状況」（大本営陸軍部研究班『支那事変の経験に基づく無形戦力思想関係資料（案）』一九四一年）第〇三六四画像
(24) (JACAR Ref. C13070338300) 北支部派遣憲兵隊司令部『別冊　北支那ニ於ケル奔敵事犯ト之カ警防対策』（一九四三年）第一七一八画像
(25) 同上書　第一七一八画像
(26) (JACAR Ref. C11110755000)「附録・其の3支那側文書宣伝の事例」（大本営陸軍部研究班『無形戦力思想関係資料第二号　支那事変ニ於ケル支那側思想工作ノ状況』一九四〇年）第〇四三〇画像―第〇四三二画像
(27) 同上書　第〇四三二画像―第〇四三三画像
(28) 前田澄夫『デカンショ節考』（丹波古陶館、一九八一年）一頁、四八頁

（29）同上書　四八頁
（30）東方書店・人民中国雑誌社編『わが青春の日本』（東方書店、一九八二年）一八〇頁
（31）香川孝志、前田光繁『八路軍の日本兵たち』（サイマル出版会、一九八四年）五二頁
（32）前掲注（18）書　二八〇頁
（33）同上書　二八〇頁
（34）同上書　二八〇―二八一頁
（35）前掲注（31）書　四五頁
（36）前掲注（18）書　二八四―二八五頁
（37）前掲注（31）書　四四頁
（38）同上書　四四頁
（39）前掲注（18）書　二八二頁

終章

本書では、日本が「大東亜共栄圏」に日本語普及を重視していった過程及び当時の中国国内では日本語がどのような存在であったのかを検証し、日中戦争期における中共の抗日工作において、敵国日本の言語である日本語及び日本文化を重視していく戦略過程と中国人将兵に対する日本語教育の実態、そして、この過程に日本留学組や日本人捕虜が関わり、さらに戦場でどのような言語・文化交流をしていったのかを論じた。

周知の通り、明治以降、日本は近代化のために欧米化路線を突き進むわけであるが、それと同時に欧米の文化や言語を崇拝する傾向が強かった。日本人にとって日本語は世界に対し余り誇れるものでなかった。しかし、明治期に中国で日本留学ブームが生じ、中国人にとって日本語は最先端の知識を学ぶために欠かせないものとなる。どのくらいの日本人がこのことについて意識していたのであろうか。

時代の波に乗り日本は第一次世界大戦を経て一九二〇年代になると、世界の一等国になる。日本社会は自分たちの国力に自信を持ち、その意識が日本語を世界に普及させ、世界の共通語にすべきだという動きになってくる。つまり、「外向きの日本語ナショナリズム」の勃興期が到来したといえよう。そして、日本の対外膨張の中で「大東亜共栄圏」構想が立案された。一九四〇年に松岡外務大臣が日満支をその一環とする大東亜共栄圏の確立を図ることを述べ、中国大陸の存在はこの構想上大きな存在であった。当然、ここでの日本語の普及は重要なものであった。ただ、この構想は論理的かつ体系的なものとはいえず確固たる計画的な思想があったわけではなかった。ここに「大東亜共栄圏」の本質的な脆さが浮き出てくるのである。

「大東亜共栄圏」において日本語を普及させるには大義名分が必要である。それは単なる伝達手段としてのものでなくかつての植民地宗主国からの自由の獲得や日本精神・文化を理解させ「大東亜共栄圏」の一員としてその建設に貢献させるべく機能を有するものとして普及させようとした。つまり、「大東亜共栄圏」を完遂させるには日本語の存在なしではできなかったのである。しかし、このような勇ましい宣言をする割には、「大東亜共栄圏」そのものの不安定さ、そして肝心の日本語の整理がなされていなかった。仮名遣い、漢字、発音符号、基本語彙、基本文法、基本文型等が定まっておらず、日本国内において共通する日本語が完成していなかったのである。

中国にとって日本の対外膨張及び「大東亜共栄圏」構想は侵略的要素を含んでおり、受け入れ難いものであった。また、日本語を学ぶことも複雑な要素が絡んでいた。一九三四年一二月二八日の『讀賣新聞』のように世界的な日本語ブームが到来したかのように報道し、中国では日本語学習こそが出世の近道だと喜び報じた。これはあくまでも日本社会全般の見方であり、その裏面を読みとることができていなかった。実は一九二八年の時点で、中国が自主的に中等師範学校及び中等職業学校の外国語科目に日本語を課すことになったが、それは日本に対する好意的なものではなく、「仇敵」である日本を攻略するための日本語教育であった。一部の日本人はこの点に留意していたが、多くの日本人はそれに気付こうとはしなかった。

最も抗日運動が激しかった上海でも日本語ブームはあった。このブームには、日中関係、政治的意図、抗日運動・テロ、日本人や日本企業の動向、個人の実利等、様々な要因が複雑に絡み影響を及ぼすと同時に上海の地政学的特徴が如実に現れている。日本語学習の目的も日本語活字文化を通した新知識導入・日本研究のためのもの、そして、職業的キャリアアップのためのものと大きく二つに大別できる。そこには、蔣介石の思想弾圧によって文化制限をしたため、知識人を中心に日本語を通して知識を得ようとし、それと同時期に日本で起こった円本ブームが大陸に波及し、国際貿易都市である上海には多くの日本語書籍が輸入された。また、内山書店等の日本語書籍を扱う書店があり、これらを介在し多くの日本語活字文化が中国各地に流れ込んだ。もちろん一九三〇年には日本人数は上海の外国人の中で最も多くなり、中国人にとって日本語は日本関係のビジネス上、欠かせないものであり、日本語学習が盛んになった。つまり、蔣介石の政治的意図に反した日本語学習であった。

「満洲国」樹立以降、日本は一九三五年から中国本土への南下を開始し、「盧溝橋事件」を契機に日中は宣戦布告のない全面戦争へ突入していった。当初、蔣介石は日本との全面対決を避けたがっていた。また、当時の中国は内戦が繰り広げられ、全中国が一致団結で戦える状態ではなかった。しかし、中国の世論は「内戦停止、一致抗日」に動き、抗日デモが起こった。その後、蒋介石はためらいながらも、中共の紅軍を国民革命軍第八路軍に改編することを公布し、中共は『抗日救国十大綱領』を提起し、持久戦と遊撃戦を基本的な戦略とした。第二次国共合作成立後、中共は国民党と協力関係を築き、「内戦停止、一致抗日」の下、共に日本と戦うこととなる。

しかし、中国は日本に対し連戦連敗を重ねていた。そして、初めて日本軍に対し一矢を報いたのが平型関の戦闘であった。中国の民衆にとってこの勝利は大きな朗報であり、中共側も大勝利を収めたことを大々的に宣伝をし、新聞でもトップニュースとなった。ただ、八路軍総司令官の朱徳はこの勝利を冷静に受け止め、日本語の問題から日本兵を投降させる説得を試みたが捕虜を一人も獲得できなかったと認めていた。また、言語的な問題以外にもこの後に現われる『戦陣訓』で教育された日本兵は士気が高く、これも捕虜拒否の大きな要因であった。

八路軍は、日本語を使用することで頑強な日本軍兵士の士気を瓦解することができると判断し、日本語でプロパガンダのための宣伝隊を設け日本軍と接近した時に日本語で呼びかける人材育成の必要性を認めざるを得なかった。そのために、将兵が日本語スローガンを理解し使用でき、簡単な日本語で問答が可能にすることが必要であった。ここで注目すべき点は一九三八年の中共六期拡大六中全会において毛沢東は日本語で日本軍を友軍にし、その日本軍が日本帝国主義を打倒させるという壮大な計画を提言している。つまり、単なる尋問・情報収集程度の日本語教育ではなく、壮大な構想の中での日本語教育であったのである。そして、一九三八年の中共六期拡大六中全会から、中共は本格的な日本語教育の進軍ラッパの号令を下し、後に八路軍敵軍工作訓練隊の設立へとなるのであった。

中共は抗日工作において日本語及び日本研究を重視していくわけであるが、その特徴は「早期の徹底した速成教育」、「日本留学組と日本人捕虜の活用」、「戦場での日中文化交流」の三つであるといえる。

第一の「早期の徹底した速成教育」について論じてみよう。八路軍は平型関の戦闘で勝利をおさめたが、日本軍の情報収集に欠かせない捕虜獲得が全くできなかった。その要因を将兵の日本語能力の不足と日本事情や文化の知識不足とし、高度な日本語人材育成だけでなく、全将兵への日本語教育を決めた。しかも、その対応が早かった。毛沢東も戦略上の日本語に注目し、全ての将兵に対し日本語教育を行い、しかも幅広いレベルの日本語能力を有した人材を養成しようとしたのである。そして、日本語を修得することで日本軍の将兵を友軍にさせ、彼らを中国から退出させ、最終的には彼らが日本の帝国主義を打倒させることまでも視野に入れるという壮大な計画をしていたことは注目に値する。

日本語教育の内容も抗日工作の幹部を育成する訓練隊、前線での幹部、兵士、看護士といったクラスによって違っており基礎から高度な内容まで様々であった。その背景には前線と後方の戦況の差と八路軍の将兵が知識人から非識字者まで幅広く、幹部でさえも識字率が高いとはいえなかったからである。

訓練隊は抗日工作の幹部養成であるから日本語学習経験者や日本留学経験者等の知的レベルの高い者を選んだ。基礎的なものから小説や日本軍の書類の翻訳まで幅広く学習した。そして、投降呼びかけや捕虜訊問の際の発音や丁寧語の教育強化や敵情を把握するため敵の文書や兵士の日記等の翻訳教育を重視し、細やかな配慮の教育方法であった。その結果、学生の翻訳能力は非常に高いものとなった。しかし、会話力は毛沢東が求めたレベルまでに達したとは言い難いが、短期間の教育と有事という条件から一定の教育効果があったといってよい。もちろん、細部にわたる学生を気遣う教育方法が行われていたことも、この教育効果を生み出したのである。そして、訓練隊を卒業した約半数の者は前線に配属され、敵軍工作及び日本語教育に従事したのである。

前線での幹部・兵士・看護師に対する日本語教育のレベルは訓練隊より低い。看護師は負傷した捕虜を慰安する日本語を学ぶ。また、前線の幹部と兵士は主に日本語スローガンを学んだ。特に日本語スローガンは戦闘経験から投降を呼びかけるタイミングや言い方、言葉遣いまでも配慮した教育が行われた。日本語を使って投降を呼びかけることや八路軍に共感させることは、戦場での異文化コミュニケーション力が必要であり、日本人を理解しなければ相手に伝わらないということである。もちろん、教育が行き届いていない前線では憎しみと復讐心に燃え日本人捕虜の虐待や虐殺もあった。また、日本語で呼びかけても抵抗し自決した日本兵もいた。しかし、中共が行おうとした抗日工作の日本語教育や日本研究の効果は、米軍でさえも捕虜獲得や彼等への対応ぶりを認め、さらに日本軍が、これらを問題視し警戒したことからも一定の成果があったといえる。

第二に、「日本留学組と日本人捕虜の活用」であるが、日本留学組は日本の文化・習慣・風俗を理解している。中には地方の日本人以上に日本を知り尽くしている者もいる。よって、彼等を活用し、抗日工作、日本語教育、捕虜の対応に従事させることは自然なことであった。一九世紀末から所謂初の組織的中国人日本留学生が誕生し、その後、日本留学ブームの到来後、多くの中国人が日本で近代化された国家システムや学問を学んだ。また、河上肇等から学んだ留学生は日本経由のマルクス主義を中国に広めた。しかし、彼等は皮肉にも留学し学んだ国と一戦を交えなければならないという運命を背負わなければならなかったのである。その想いは複雑なものであろう。

一方、日本人捕虜の心情も複雑である。彼等の多くは日本が必ず勝つことを信じて疑わなかった。また、敵の捕虜となれば売国奴や非国民になり日本の家族も罵詈雑言を浴びせられるのであった。戦争末期、厭戦気分や八路軍の捕虜優待の噂が日本軍の間に広がっていったが、多くの者は抵抗及び自決か中共及び八路軍で生きるか、その葛藤を抱え、たとえ捕虜になってもこれらの葛藤は消えることは難しかった。そんな彼等の思想心情を変え、八路軍に協力させ、前線での日本軍への投降等の抗日工作、日本語教員、反戦運動に向かわせたのは、日本語で日本的な対応ができる日本留学組がいなければ上手くいかなかったことも事実である。日本人捕虜の活用は、取った駒を味方にして活用する日本の将棋文化そのものであり、世界史上珍しいことであろう。日本軍は日本人中国留学組も中国人捕虜も十分に活用できたとはいえない。ましてや日本軍の士官教育はあくまでも西欧語偏重主義であった。特に一九三七年の「日中戦争」開始から敗戦までの陸軍幹部は、日本の命運を握る作戦課長八名の内、六名が陸軍大学校を卒業した後に留学をしており、その派遣先はドイツ2名、フランス二名、ロシア二名であった。[1] 当然、これらの派遣先の語学能力は重視される。そして、陸軍兵務局長等を歴任し、極東軍事裁判で検察側の証人として出廷した田中隆吉によれば、陸軍大臣となった東條英機は、陸軍の中央部の要職をほとんど幼年学校のドイツ班、つまりドイツ語を学び、ドイツに留学する者を登用したという。[2] 中国語を学んだ中国班では陸軍内の出世コースに乗れず、中国及び中国語軽視の構図があったといわざるを得ない。これが「日中戦争」の両国の大きな戦略の差といえる。

第三の「戦場での日中文化交流」を論じてみよう。再説するが、「大東亜共栄圏」構築のために『戦陣訓』の呪縛の中で戦う日本の将兵を投降させ、協力するよう説得するのは大変難しい。一方で、中共自身の日本人捕虜の優待政策を実行するのも同様であった。八路軍の将兵だけでなく身内や仲間を殺害された中国人庶民は強い怒りを持っており、日本人捕虜の酷使や殺害を望んだ。この両者の間を取り持ち良好な相互理解を築かせたのが、日本留学組、日本人捕虜、訓練隊等の日中の日本語人材であった。

庶民である多くの日本兵はマルクス主義も知らない。彼等は捕虜になって初めて小林多喜二等の小説や反ファシズムの思想を知った、これらを教えたのが日本留学組である。また、八路軍将兵は初めて日本の歌を紹介され、浪花節文化を目の当たりにし、野球までも経験した。これを教えたのが日本人捕虜であった。そして、前線では日本人捕虜と八路軍の将兵が酒を交わし、日本語の歌まで一緒に歌う日中歌合戦を行った。このような日中文化交流があったからこそ、日本人捕虜や中国人将兵や庶民の考えは変化し相互理解ができたといえよう。戦場は命の遣り取りの場であり、人間を極限状態にさせ、筆舌に尽くしがたい悲惨な辛苦を体験させる。この状況で友好的な日中文化交流があったことは注目に値する。これらから鑑みると、中共は孫氏の兵法である「不知彼、不知己、毎戦必敗」に忠実であったといえる。しかも、徹底した日本語教育及び日本研究を通して実践したのである。

日本語は日本にとって「大東亜共栄圏」の盟主の言語である。日本語に対し「日本語を通して日本文化・日本精神の優秀性を覚らしめると共に、日本の事情・日本の理想を知らしめ、かつ我が国民と提携協力する気風を馴致するのを眼目とすべきこと(3)」と、「大東亜共栄圏」の象徴であり共通語にすることを課してしまった。しかし、中共の日本語教育・日本研究及び日本留学組が理解した日本というのは、日本国家が描いた「日本語を通した日本文化・日本精神の優秀性」や「日本の事情・日本の理想」ではなく、日本語を通して名もなき庶民である日本人と彼らが育んできた故郷の日本の浪花節文化であった。そこには故郷と家族を想い、死からの恐怖を完全には拭い捨て去ることはできなかった。

だからこそ、戦場での友好的な日中文化交流が可能であったのである。もちろん八路軍の洗脳工作だという側面もあるが、それだけで結論付けることはできない。それが庶民である日中の名もなき将兵の現実であったのである。これと大きくかけ離れた「大東亜共栄圏」は一つの虚構でしかなく、この虚構は現実を打破することはできなかった。そして、虚構である「大東亜共栄圏」の瓦解に導いた一つが「大東亜共栄圏」の共通語である日本語であったことは、まことに皮肉な結果といわざるを得ない。

「大東亜共栄圏」構想はあまりにも多くの庶民の運命を翻弄してしまった。戦後、日中両国は国交断絶期を経て、一九七二年にようやく国交正常化に至った。「大東亜共栄圏」の瓦解の最前線に立った敵軍工作隊の日本留学組や日本人捕虜の中から日中平和交流を担った人材が輩出され、また、現在、世界最大の日本語学習者数を誇っているのが中国であることは注目に値する。その教育・学習目的は多種多様ではあるが、国交正常化以前の一九六〇年当時の教育目的は興味深いものがある。

「満洲国」の首都であった長春の東北師範大学は、同年に日本語学科を設立させる。吉林省長春市委員会はその理由を「日本と我国は隣接しており、日本の革命の発展、中日両国の経済協力、文化交流が日に日に増すにつれて、政治上の意思を固め、より良い専門の素養のある日本語翻訳専門の幹部を育成する」としている(4)。中国側が期待する日本の革命を発展させ、その上で経済協力や文化交流ができる日本語人材の育成を行うとも読み取れないこともない。もちろん現在の中国の日本語教育がこのような目的で行われているとは考えにくいが、彼らにとって対日対策としての日本語の存在意義は大きいといえる。そして、日本語学科の設立の理由が八路軍の日本語重視戦略に通じるものがあると同時に、経済・文化交流という美名の奥に隠れている冷徹さを改めて痛感する。
かつて「大東亜共栄圏」構築の重要な役割を果たした日本語は、近代だけでなく現代も依然正負の遺産を背負わされている。そして、今後も日本語は日中、アジアにおいて時代的役割と存在意義が問われ続けられていくことであろう。二度と悲劇を繰り返さないためにも、我々はこのことを強く意識しなければならないと考える。

【注釈】

（1）江利川春雄『英語と日本軍』（ＮＨＫ出版社、二〇一六年）一〇三頁
（2）田中隆吉『日本軍閥暗闘史』（中央文庫、一九八八年）一三五頁
（3）田中寛『戦時期における日本語・日本語教育論の諸相』（ひつじ書房、二〇一五年）三一頁
（4）徐氷「風雨半世育桃李」『東北師大校報』（二〇一〇年三月三一日第一一六〇期）頁数未記入

161

あとがき

拙著の基礎になった論文は、第二章が、「1930年代～1940年代初頭の上海に於ける日本語ブーム」（『長崎外大論叢』第18号　二〇一四年）、「戦前期上海に於ける日本語ブームの一考察―第一次上海事変前後を中心に―」（日本のローマ字社編『ことばと文字』くろしお出版2号　二〇一四年）、第三章から第六章が、「八路軍敵軍工作訓練隊に於ける日本語教育」（『九州産業大学国際文化学部紀要』第68号　二〇一七年）、「八路軍の戦場に於ける日本語教育と日中相互文化交流」（『新世紀人文論究』第2号　二〇一八年）に関連部分を摘出し、加筆訂正をしたものである。その他は書下ろしである。

思えば拙著の構想の契機は、友人である中国の某研究者から送られてきた一冊の日本語の教科書であった。それは、本書でも論じている八路軍政治部編の『抗戦日語読本』第一巻という貴重なものである。軍隊の専門用語だけでなく日本人捕虜に対する尋問・説得・宣伝工作が所謂初級から中級程度の日本語能力でできるよう編集されており、短期間で学習効果が出るよう、よく作られた教科書であると驚いた。戦は、武力をだけでは勝てない。敵の言語・文化を排除するのではなく、敵の言語・文化を学び、それを用いて、相手を諭し凋落し勝利に導くことを日本語教育史の視点から論じられないかというのが本書の着想に至った。また、敵の言語を受け入れ、この教科書の作成を可能にした背景とは一体何であったのだろうかという疑問も生じてきた。明治以降から本格的に中国で始まった日本語教育及び日本研究の蓄積、それを活性化させた日本企業の中国進出・日本留学・日本語ブームの到来、さらに日本の「大東亜共栄圏」構築及び日本語を圏内の共通語にしようとする野望、日本軍兵士及び情報の捕獲の戦略的価値等にも着目し、構想を練ったのであった。しかし、史料の制約やいかに論理的、かつ有機的に関連づけるか等、試行錯誤の連続であり、順調に研究が進んだとはいえない。

二〇一四年頃から、中国日語教学研究会年会上海分会、アジア教育史学会、日本語教育学会、東北師範大学中国赴日本国留学生予備学校主催国際シンポジウム等、国内外で発表をする機会に恵まれ、筆者の少々無茶な知見に対し、多くの有益なご指導を頂くことができた。

二〇一七年、大東文化大学の田中寛先生と日中戦争において日中双方とも戦略上日本語教育が重要な役割を果たしていることが、どうも理解されていないのではないかと何度も議論を重ね、ならばということで田中寛教授を代表に戴き、戦時日本語教育史研究会を発足したのであった。そして、同年一二月に「日中戦争勃発80周年シンポジウム　日本語教育史から見た日中戦争」を開催することができた。国際日本文化研究センターの劉建輝先生、田園調布学園大学の藤森智子先生、明治大学の関智英先生を始め、学際的観点からこのテーマを議論し、刺激に満ちたシンポジウムであった。この場を借り、ご指導を頂いた全ての方々に感謝の意を記したい。特に、懇切丁寧なご指導と温かい励ましを賜った田中寛先生、元宮城学院女子大学教授であり、元日本植民地教育史研究会代表の宮脇弘幸先生、そして、本書を著す研究の機会を提供していただいた我が中国人の友人には心より御礼を申し上げる。

昨年は平成が終わり、新たな元号、令和を迎え、新中国は建国七〇周年となり、ますます先の大戦の記憶は遠くなりつつある。残念ながら、現在でも日中両国の間には歴史認識の相違は大きな問題の一つとなっている。おそらくその溝を埋めるにはまだ時間を要するであろう。戦争と憎しみは密接な関係である。しかし、戦場で敵味方の関係を超え、理解できる瞬間は訪れるということがあることを無視できない。この点について拙著が少しでも読者の方々に考えて頂くきっかけになれば幸甚に存じる。

厳しい出版事情にもかかわらず本書を世に問うことができたのは、ひつじ書房の松本功編集長及び海老澤絵莉編集主任の多大なるご尽力のお陰である。心より御礼申し上げる。

私事で恐縮であるが、昨今の大学改革で雑事に追われる日々を過ごしており、研究時間を確保するのも一苦労である中、妻由貴子の支えがなければ本書を書き上げることができなかった。また、筆が思うように進まず焦燥感に苛まれるの中で、我が子啓史の屈託のない笑顔には救われた。この場を借り感謝の意を表したい。ただ心残りは、急逝した父・吉宜に本書を見せられなかったことである。許されるならば、本書を亡き父に捧げたい。

愛宕神社の太鼓が響く姪浜の寓居にて

二〇二〇年三月八日

酒井順一郎

な行

は行

ま行

や行

ら行

わ行

索 引

あ行

か行

さ行

た行

【著者紹介】

酒井順一郎（さかい じゅんいちろう）

［略歴］
総合研究大学院大学文化科学研究科修了、博士（学術）
国際日本文化研究センター共同研究員、東北師範大学中国赴日本国留学生予備学校、長崎外国語大学を経て、現在、九州産業大学国際文化学部教授

［主要著書］
『清国人日本留学生の言語文化接触―相互誤解の日中教育文化交流―』（ひつじ書房、2010年）、『改革開放の申し子たち―そこに日本式教育があった―』（冬至書房、2012年）

日本語を学ぶ中国八路軍
―我ガ軍ハ日本下士兵ヲ殺害セズ

Learning Japanese in the Chinese Eighth Route Army:
"We Do Not Murder Japanese Soldiers"
Sakai Junichiro

発行　2020年3月27日　初版1刷
定価　2600円＋税

発行者　松本功
装丁者　大熊肇
印刷所　三美印刷株式会社
製本所　株式会社 星共社
発行所　株式会社 ひつじ書房
〒112-0011 東京都文京区千石2-1-2 大和ビル2F
Tel.03-5319-4916 Fax.03-5319-4917
郵便振替 00120-8-142852
toiawase@hituzi.co.jp　http://www.hituzi.co.jp/
ISBN978-4-89476-939-7

［刊行書籍のご案内］

蚕と戦争と日本語
——欧米の日本理解はこうして始まった

小川誉子美 著　定価3,400円＋税

欧米人は、なぜ日本語を学ぼうと思ったのか。幕末の蚕の伝染病、日本語諜報員の育成など、動機は意外なところにあった。欧米人の日本語学習の動機を、史実から読み解く。